U0102244

2010
上海产业和信息化发展报告
——信息化

Annual Report on Shanghai Industry
and Informatization Development: Informatization

上海市经济和信息化委员会

上海科学技术文献出版社

图书在版编目（CIP）数据

2010上海产业和信息化发展报告—信息化/上海市经济和信息化委员会编.—上海：上海科学技术文献出版社，2010.11

ISBN 978-7-5439-4527-2

Ⅰ.①2... Ⅱ.①上... Ⅲ.①信息工作-研究报告-上海市-2010 Ⅳ.①F127.51

中国版本图书馆CIP数据核字（2010）第188325号

责任编辑：忻静芬

2010上海产业和信息化发展报告—信息化
上 海 市 经 济 和 信 息 化 委 员 会

*

上海科学技术文献出版社出版发行
（上海市长乐路746号　邮政编码 200040）
全 国 新 华 书 店 经 销
上海市北印刷（集团）有限公司印刷

*

开本787×1092　1/16　印张9　字数161 100
2010年11月第1版　　2010年11月第1次印刷
印数：1-3000
ISBN 978-7-5439-4527-2
定价：38.00元

http://www.sstlp.com

编审委员会

前　言

　　2009 年是上海发展形势最复杂、困难最集中、挑战最严峻的一年。面对金融危机冲击和城市自身发展转型的双重考验，肩负筹办世博会紧迫繁重的任务，上海各界在市委、市政府的坚强领导下，深入贯彻落实科学发展观，继续实施《上海市国民经济和社会信息化"十一五"规划》，紧抓筹办世博会和建设国家"两化融合"试验区的契机，在提升信息基础设施能级、加快政府管理创新、推动社会事业发展和民生改善、加强城市建设和管理、完善城市信息安全保障体系、提升软件和信息服务业能级等方面持续努力，城市信息化发展总体保持良好势头，信息技术应用方面呈现新亮点。

　　《2010 上海产业和信息化发展报告——信息化》将向公众反映 2009 年上海市信息化各领域的发展概况。报告基本沿用《2009 上海信息化发展报告》的体例，结合 2009 年上海信息化的重点和热点，作了以下调整：增加"信息化与工业化融合"专题（2009 年是上海建设"两化融合"试验区的开局之年，该专题详尽反映了 2009 年上海"两化融合"的推进情况），增加"信息资源开发利用"专题（全面反映上海政务信息资源开发利用和信息资源公益性开发利用的现状和问题），将"区县信息化"章节调整为"区域信息化"（反映 2009 年上海区域信息化的特点和新进展）。

　　本报告编撰力求全面、客观、翔实，希望对政府部门和企业进行决策分析、对相关研究人员了解上海市信息化发展现状和趋势提供帮助，为上海信息化再上新台阶贡献一份力量。

编　者

2010 年 7 月

目　录

第一章

总　论

第一章 总论

一、2009 年上海信息化发展综述

2009 年，全球金融危机影响持续，面对国内外复杂多变的经济形势，上海积极采取一系列应对举措，在全心全意筹办世博的同时，迅速启动国家级"两化融合"试验区建设，全面实施《上海市国民经济和社会信息化"十一五"规划》，在加快信息基础设施建设、深化拓展信息技术应用、推进信息化与工业化融合、加强信息资源开发利用、提升软件和信息服务业能级、优化信息化发展环境等方面取得了积极进展。

（一）信息基础设施建设稳步推进，综合服务能力快速提升

按照"统一规划、集约建设、资源共享、规范管理"的要求，2009 年，上海信息基础设施建设有序推进，新建集约化信息管线达 1 346.99 沟公里，接入商务楼宇、基站、小区 714 个，完成信息架空线入地 2 600 皮长公里；3G 网络部署全面铺开，形成移动通信基站新一轮建设高峰，共建设开通 TD 基站 3 779 个，累计开通 WCDMA 3G 基站 2 735 个；敷设长途光缆线路总长达 3 151.28 公里，海底光缆系统加快升级和扩容。

功能性服务设施综合服务能力进一步提高。高性能计算机应用领域不断拓展，2009 年百万亿次超级计算机"曙光 5000A"（即"魔方"主机）运算峰值速度达到 200 万亿次 / 秒，速度提升 20 倍以上；上海互联网络交换中心扩容，交换能力进一步提高，2009 年全年总交换流量达 2 950TB，日均交换流量达到 8.1TB。

重大信息基础设施建设项目呈现新亮点。"无线城市"建设力度进一步加大，无线校园、无线产业园、无线金融中心等热点区建设有序推进；"城市光网"升级行动计划逐步展开，共完成 75 万线光网用户改造；以 3TNet 核心技术为基础的下一代广播电视网（NGB）建

设正式启动;中心城区有线数字电视整体转换和双向改造顺利推进,到 2009 年底,基本完成有线电视网络双向改造,有线电视数字整体转换近 80 万户,IPTV 用户已超过 100 万户,成为全球 IPTV 用户最多的城市;虹桥交通枢纽配套信息基础设施建设取得显著成绩,建设完成沪崇苏长江隧桥光缆通道通信配套工程。

(二)信息技术应用深化拓展,支撑带动作用进一步显现

社会领域信息化。教育领域,深入推进集成性应用,建成并运行上海市中小学二期课改网络教研互动平台、上海终身学习网;文化领域,基本建成上海文广影视行政审批平台并投入使用,建成广播电视数字化内容检测与监测综合应用系统,新兴文化业态蓬勃发展,CMMB 手机电视正式投入商业运营;医疗卫生领域,基本完成社区卫生机构信息系统标准化建设,800 家村卫生室全部实现新农合实时报销,探索推进区域卫生数据挖掘和利用;人口计生领域,基本建成人口计生地理信息系统,完成流动人口计划生育信息交换平台改造,推进计生领域与实有人口、人力资源和社会保障领域数据的互联互通;农村和社区信息化领域,逐步完善社区事务受理中心"前台一口受理,后台协同办理"服务模式,"农民一点通"覆盖范围进一步扩大,农科热线提供 365 天 24 小时免费咨询服务,"千村万户"农村信息化培训普及工程持续推进。

经济领域信息化。金融领域信息化稳步推进,2009 年上海市持卡消费金额达到 3 721 亿元,建成保险业大型数据中心和备份中心并投入使用,上海证券交易所新一代交易系统正式切换上线;电子商务继续保持快速增长态势,全年实现电子商务交易额 3 315.79 亿元;旅游会展业以世博会为契机,开展旅游在线服务、网络预订和网上支付,建设入境游、国内游管理系统,建成上海出境游信息动态监管系统;制造业领域,钢铁、汽车、石化等行业的大型企业信息化持续完善;农业领域,信息技术逐步深入农业生产管理和流通等环节。

城市建设与管理信息化。城市网格化管理向市容环卫、绿化等专业领域和社区层面进一步延伸和拓展,并逐步从以治为主转向治防并重,各区县积极建设社会防控、实时图像监控系统;城市空间地理信息化进一步向纵深发展,上海地下空间信息基础平台一期项目完成;土地房屋综合管理、市容环卫绿化、民防、水务、环境保护等领域信息化持续推进,服务水平不断提高;无线测控网进入全面应用推广阶段,城市数字化、精细化管理水平有效提升。

电子政务。基础支撑体系进一步完善,市政务外网基础网络平台实现与国家政务外网的汇接;电子政务应用深化拓展,建设完成"企业网上登记注册服务系统(网上注册

大厅）"、城镇污水处理厂在线监控平台等，提高了政府服务效能；服务渠道进一步拓展，门户网站和热线服务不断优化，加快了政务信息查阅点建设，为民服务渠道更加完善。

（三）"两化融合"试验区建设快速启动，取得初步成效

上海作为首批国家级信息化和工业化融合试验区之一，2009 年积极开展了相关规划、政策方针的研究制定，并实施了初步的推进工作，发布《上海市人民政府批转关于推进信息化与工业化融合促进产业能级提升实施意见》，制定了《上海市推进信息化与工业化融合行动计划（2009-2011 年）》，积极实施以"1010 工程"为主要内容的"两化融合"任务推进，重点聚焦 10 个重点产业门类，积极推进 10 大重点工程。

"两化融合"成效初步显现。形成了市级相关部门合力推进的工作格局，建立了有机互动、资源互补的合作模式；上海市以信息技术为主要支撑的新能源、民用航空制造业、先进重大装备以及软件和信息服务业等高新技术产业规模达到 7 365 亿元，带动信息技术在企业各环节的应用，提升企业实力；全市总集成总承包、研发设计、商务服务等生产性服务业实现营业收入 3 350 亿元；此外，"两化融合"在石油、化工、钢铁等行业的研发设计、管理创新、技术创新、节能减排以及人才培训等领域取得了一定的进展。

（四）信息化环境不断优化，城市信息安全保障体系进一步完善

在体制机制方面。2009 年区县层面落实大部门体制改革，18 个区县信息化委员会并入区科技委员会或区经济委员会，为推动信息化和工业化融合提供了组织体制支撑。

信息安全方面。信息安全管理和服务水平逐渐符合和适应特大型城市的实际需求，全市信息安全态势总体平稳可控，未发生一起重特大信息安全事故。2009 年，信息安全测评认证中心成为上海市信息系统等级保护测评机构及上海市唯一商用密码系统安全检测机构；数字证书认证中心再次对根认证体系进行了改造；城域网信息安全事件监测预警服务功能进一步提升；信息安全培训和全民信息安全教育工作得到有力落实，市民信息安全意识进一步提高。

政策法规方面。出台了《上海市经济和信息化委员会行政处罚法律文书》和《上海市征信管理办公室行政处罚文书》等规范，重点在生产性服务业、新能源汽车、信息基础设施等领域开展政策法规课题研究。

信息化人才培养方面。"653 工程"围绕课程开发、服务平台建设和人才培训等方面持续推进。截至 2009 年底，上海市培训各种类专业技术人员达 1.2 万人次，信息化领域各协会的作用得到进一步发挥。

（五）政务信息资源开发利用持续深化，信息资源公益性开发利用展开初步探索

在政务信息资源开发利用方面。按照"一数一源，一源多用"原则，人口、法人及空间地理三个全市基础数据库建设和应用工作稳步推进；按照政府信息公开和政务信息资源共享的基础支撑体系要求，在政务信息资源目录体系和交换体系建设方面开展相关试点并取得初步成效；按照"以公开为原则、不公开为例外"的要求，加强信息内容深化、公开渠道拓展、长效机制建设和基础性工作探索。

在信息资源公益性开发利用方面。形成了以诚信、教育、文化、医疗卫生为主的信息资源公益性开发利用框架。诚信领域，依托个人和企业联合征信系统，探索形成了区域性社会征信体系框架和社会信用服务体系；教育领域，构筑了较为完善的教育资源库和应用体系；文化领域，形成了以文化信息资源共享工程和重要数据库为依托的文化信息资源开发利用格局；医疗卫生领域，各种信息化建设取得积极进展，为医疗卫生信息资源的共享与交换提供基础支撑，在市民健康档案等领域进行了有益的探索，统一的卫生信息共享与交换平台亟需建立。

（六）世博信息基础设施建设加快完善，信息技术应用建设全面展开

世博信息基础设施建设加快完善，实现园区无线网络全覆盖，800 兆政务共网正式为 2010 年世博会提供指挥调度通信服务并投入应用，完成世博园区内无线电技术基础设施的总体布局规划，确定了监测网架构。

世博信息化应用建设全面展开。40 余套世博配套信息系统陆续建成并投入使用，无线宽带、Web3D、RFID、互联网应用、多媒体、智能视频、节能环保、智能导航等前沿信息技术得到广泛应用；世博安保信息化建设持续完善，以"平安世博"为目标，建设世博前沿指挥平台，加大无线电专项行政执法力度，对非法无线电台进行查处，建设三维立体无线世博安保架构。

（七）软件和信息服务业总体保持平稳快速发展

2009 年，面对国内外经济形势波动、国际金融危机等不利局面，上海软件和信息服务业以高新技术产业化为契机，不断推动结构调整和自主创新，积极拓展国内外市场，克服多重困难与挑战，化解各种问题与矛盾，行业经济运行总体保持了稳定较快增长。

2009 年，上海软件和信息服务业实现经营收入 2 108.11 亿元，同比增长 20.2%。增

加值 768.48 亿元，同比增长达到 12.8%。占第三产业比重达到 8.7%，占全市国内生产总值的比重达 5.2%。截至 2009 年底，有规模以上信息服务企业 3 800 家，从业人员达 29.3 万，其中 2009 年经营收入超亿元企业（以下简称"超亿元企业"）达到 158 家（不包括信息传输服务企业），在海内外上市的企业累计达到 22 家。

二、2010 年上海信息化发展展望

2010 年，上海的信息化建设将以全面落实信息化"十一五"规划为重点，紧紧围绕上海转变经济发展方式、加快城市创新、走可持续发展道路的要求，主动服务"四个中心"建设、提升城市综合功能、改善人民生活和提升公共服务水平，加快推进"两化融合"，创新推进信息技术应用，积极推动"三网融合"，发挥后世博效应，进一步提升公共服务信息化水平。

（一）围绕和谐社会建设，拓展社会和公共事业领域信息化

随着行政办事大厅、呼叫中心、社区事务受理中心等"一站式""一门式"电子服务体系的形成，按照服务型政府的建设要求，加强信息资源、服务渠道整合，重点推进跨部门、跨区域的业务协同、信息共享，深化信息技术在教育、卫生、人力资源和社会保障等公共事业领域的应用，进一步提高城市服务水平和改善人民生活质量。进一步加强信息化与社会民生的融合，以市民需求为导向，围绕实现基本公共服务均等化，重点突破就业、医疗、基本社会保障等公众关心的热点问题，加强信息资源整合，加快推动农村、社区服务信息化体系建设，通过多种信息化手段将更多的优质服务延伸到街道、社区、村镇甚至家庭。

（二）围绕上海市经济发展方式转变和产业结构调整，深入推进"两化融合"

作为国家级的试验区，"两化融合"已经成为贯穿上海信息化建设、工业化发展的一条主线，成为推动产业结构优化升级的一项重要举措。2010 年是"十一五"规划实施的最后一年，也是上海"两化融合"三年行动计划承上启下的关键一年，这将进一步激发各行各业应用信息技术改造提升传统产业的自发需求，进一步促进芯片技术、传感技术等信息技术在工业领域的应用深化，进一步发挥信息化对促进产业调整振兴和结构优化升级的作用，促进信息技术在经济领域的不断渗透和融合，以信息化为重要支撑的现代产业体系将逐步建立。

（三）积极应用创新型信息技术，促进城市信息化快速发展

未来一段时间里，在物联网浪潮的带动下，以感知、高速传递、快速处理为特征的下一代信息技术将创新发展、融合应用。芯片与传感技术、光纤与无线技术、云计算技术等在下一代信息技术中扮演重要角色，物联网迅速发展，将对人类社会生活带来极大的变革和影响。2010 年将全面实施上海推进物联网产业发展 3 年行动方案，率先在环境监测、智能安防、智能交通、物流管理、楼宇节能管理、智能电网、医疗、精准农业、世博园区、应用示范区和产业基地十个方面开展应用示范。

（四）贯彻国家战略，实质性推进"三网融合"

2009 年，国务院首次明确指出，落实国家相关规定，实现广电和电信的双向进入，推动"三网融合"取得实质性进展。上海具备良好的"三网融合"推进基础，作为"三网融合"的典型性应用，上海文广和电信合作推出的 IPTV，2009 年底用户规模已经突破百万，上海已被列为国家"三网融合"首批试点城市之一。2010 年，随着"三网融合"试点方案的出台，上海必将进一步推动电信网、互联网和广播电视网融合，推进业务双向进入和融合发展，推动信息服务业和电视制作、传输业的融合发展，极大丰富各类信息服务的内涵、形式和渠道。

（五）总结、推广世博信息化示范应用新成果

2010 年上海世博会成功举办，世博信息技术的应用推广将推动"世博效应"向"世博效益"转化。作为"信息技术让城市生活更美好"的诠释，上海世博会试点、示范应用了物联网、移动通信、多媒体等领域的多项最新技术，如：便利店的 RFID 应用，世博会门票系统的高频 RFID 普通门票和 2.4GHZ 有源 RFID 手机门票，世博园区的视频监控、抛物雷达等智能安防技术，展馆多媒体演示系统，"准 4G"的 TD-LTE 技术等。2010 年，上海将围绕城市功能提升要求，在总结世博新技术应用经验的基础上，积极促进相关新技术的研发和完善，探索建立行之有效的新技术应用推广模式，使世博新技术应用对上海经济和社会发展产生持续的积极影响。

（六）软件和信息服务业持续稳步发展

从国际看，一方面，全球经济衰退放缓将会带来外部需求的减速放缓乃至复苏，对信息服务业将会产生积极作用；另一方面，"后危机"时代全球产业结构调整将加速全球

国际服务业转移，以跨国公司为代表的外资信息服务业企业出现向上海转移趋势，其在技术、资本、信息、创新方面的领先会带动信息服务业整体技术水平、管理水平和服务质量的提升。从国内看，"两化融合"进程不断深入，增加对信息服务业的需求；国家对产业技术创新与产业结构升级的支持与促进，加速了高新技术产业化和企业技术改造，为信息服务业加快发展提供了广阔的市场需求和良好的发展环境，推动信息服务业向更高层次发展；区域合作的深化，尤其是长三角区域的经济合作与协调发展，以及区域专业化分工的进一步加强，也为上海信息服务业拓展空间、提升专业服务水平带来难得的机遇。2010年上海信息服务业发展将抓住机遇，乘势而上，在产业规模、管理水平、服务能级等方面实现新的突破。

第二章

信息基础设施

第二章 信息基础设施

一、概述

信息基础设施建设是一项长期持续的工程。当前，上海正在全力打造 IP 化、宽带化、无线化、泛在化的城市基础网络，提升城市信息基础设施的综合承载能力。2009 年，上海信息基础设施建设成果主要体现在以下四个方面：

1. 信息基础设施专业规划进一步加强，管理逐步精细化

全市在基本实现信息基础设施总体规划目标的基础上，不断扩大对郊区和重点区域的专业规划覆盖，并进一步开展对移动通信基站建设的选址规划（见图 2.1）。

2. 信息网络设施加速升级，网络接入能力稳步提高

有线电视和宽带接入用户数保持持续增长；城市光网行动计划全面启动，3G 无线广域网基本实现全市覆盖，WLAN 无线局域网覆盖由热点到热区转变；800 兆数字集群政务共网实现与轨交通信系统互联。

3. 功能性服务设施建设有序推进，服务能级不断提升

互联网络交换中心扩容，交换能力进一步增强，交换流量显著提高；超级计算中心引入新一代高性能计算机（"曙光 5000A"），主机资源能力和服务能力继续保持全国先进；上海无线测控网进入全面应用推广阶段；呼叫中心专业化、规范化、集中化管理加强，进入规模发展期。

4. 集约化公共信息基础设施建设稳步推进

集约化建设理念加快向基础通信管线、无线通信基站、通信局房以及重大市政工程信息基础设施配套等领域渗透（见图 2.1 和表 2.1）。

功能性服务设施

互联网络交换中心
——交换平台性能明显提升，信息统计和分析能力进一步加强

高性能计算平台
——上海超算中心迈上新台阶，进入百万亿次级别

地面无线测控网
——无线定位测控技术应用逐步向各专业领域拓展

呼叫中心/数据中心
——社会化呼叫中心、数据中心进入规模发展期

信息网络设施

固定电话网
——固网业务与移动业务的融合速度加快

移动通信网
——3G 通讯网络建设加速，WLAN 无线热点建设全面铺开

数据通信网
——城域网络持续扩容，有线电视网络改造升级进展加快

数字集群
——800 兆集群政务共网成为世博会期间调度通信专网

公共信息基础设施

基础通信管线
——通信管线建设加速，覆盖面进一步扩大

通信基站
——公共移动通信基站建设逐步实现集约化和景观化

海光缆与长途通信光缆
——海光缆扩容，国际出口能力和维护保障能力大幅提升

通信局房
——重点推进区域局房的建设，金桥核心局房投入试运行

信息基础设施专业规划与管理
——信息基础设施专业规划覆盖面不断扩大，无线通信规划和管理工作积极有序推进，频率综合利用体系更趋完善

重大信息基础设施专项建设
——虹桥交通枢纽、"无线城市"、"城市光网"、有线数字电视整体转换和下一代广播电视网等重大信息基础设施建设全力推进

注：图中深灰色■框内显示内容为2009年有重大成绩或突破的；图中浅灰色■框内显示内容为2009年持续推进的。

图 2.1 2009 年上海市信息基础设施发展要点示意图

表 2.1 2006–2009 年上海市信息基础设施建设情况

名　称	单位	2006 年	2007 年	2008 年	2009 年
集约化管线累计长度	沟公里	2451.00	3131.00	4007.10	5354.13
楼宇累计接入	栋	1374.00	1875.00	2326.00	3040.00
长途光缆线路总长	芯公里	3042.00	2973.00	4332.60	4297.00
微波占有信道累计达	波道公里	967.00	967.00	967.00	967.00
数字微波线路总长	公里	2832.00	2832.00	2832.00	2832.00
卫星站点累计达	个	831.00	805.00	781.00	772.00
互联网宽带接入端口	万个	424.00	531.60	611.30	660.00
固定电话用户数	万户	1112.30	1022.00	1015.40	935.48
移动电话用户数	万户	1609.50	1776.50	1880.90	2106.32
长途电话通话时长	亿分钟	151.42	189.80	194.20	190.86
互联网用户数	万户	957.00	1080.00	1160.00	1250.00
宽带接入用户数	万户	335.20	364.00	418.60	470.32
有线电视用户数	万户	448.00	499.00	527.20	557.99
高性能计算平台使用率	%	81.28	85.58	88.50	
本地日均信息交换流量	TB		6.00	6.67	8.10
本地系统年总交换流量	TB	2113.00	2188.30	2429.00	2950.00
固定电话交换机容量	万门	1391.08	1454.70	1402.10	1386.40
移动电话交换机容量	万户	2433.05	2626.00	3370.00	3488.00

二、专业规划与管理

信息基础设施专业规划是支撑信息基础设施建设的重要前提和保障。上海市正处于信息基础设施快速拓展、融合提升的阶段，高水平、高质量的专业规划和管理是信息基础设施有序推进的重要保障。

信息基础设施规划扎实推进，覆盖范围不断扩大。2009 年，全市共组织编制完成 7 个市保障性住房基地信息基础设施专业规划、《虹桥枢纽信息基础设施规划——无线网络子规划》和《长兴岛信息基础设施专业规划》等，启动《移动通信基站布局选址专项规划》的编制工作。

重点区域专项规划进一步加强。以虹桥综合交通枢纽为例，围绕该区域内多无线系统和复杂电磁环境的特点，制定了《虹桥枢纽信息基础设施规划——无线网络子规划》。该规划是虹桥综合交通枢纽信息基础设施专业规划的延伸和深化，充分考虑了公用移动通信网络与民航、高铁、磁浮专业无线系统之间统筹、公用移动通信网络室内和室外的统筹、公用移动通信网络多运营商多技术体制之间的统筹。

频率资源使用的评估机制更趋完善。2009 年底上海市已形成了相对完备的以集约化使用为基础、资源性储备为重点的频率综合利用体系。这一体系的建立不仅完善了以申请、审批、管理、服务和监督一体化的无线电管理流程，有力地促进了频率再利用，而且明显提高了应对重大活动频率资源需求的能力，特别是为全面满足 2010 年上海世博会对频率资源的需求奠定了坚实的基础。2009 年 5 月 26 日，上海市无线电管理局向 75 家单位发放了"世博会专用无线电频率许可证"，对上海世博会筹备和举办期间无线电管理加以规范，这些规范和措施对保证各种合法无线电台（站）、无线电设备的正常工作，最大限度地避免或减少各种有害的无线电干扰，维护承办世博所需的空中电波秩序具有重要意义。

案例 1：《移动通信基站布局选址专项规划》编制

2009 年上海启动《移动通信基站布局选址专项规划》的编制工作。该规划将移动通信基站建设纳入城市建设之中，涵盖未来 5 年甚至 10 年上海的移动通信基站布局规划。根据规划，上海 3G 基站选址遵循"政府大楼、企事业单位、公建配套设施、住宅建筑"的先后顺序。2009 年 10 月，选址在市政府办公大楼的 3G 移动通信基站率先启动，至此，上海成为国内第一个对移动通信基站建设进行政府规范管理的省级城市，今后市民可以从政府公布的基站选址规划中清楚地查询到上海市移动通信基站分布的详细信息。

三、公共信息基础设施

（一）基础通信管线

基础通信管线建设是公共信息基础设施的重要组成部分，基础通信管线建设的成果主要体现在全市信息管线覆盖、维护保障和重点工程建设等方面。

全市信息管线覆盖面进一步扩大。2009年新建集约化基础通信管线达1 346.99沟公里，至年末累计敷设集约化管线5 354.13沟公里；信息管线累计接入商务楼宇、基站、小区3 040个，中心城区信息管道平均覆盖率约80%，基本满足了全市的接入需求；全年完成约2 600皮长公里的信息架空线入地，至年末累计完成6 635皮长公里。

基础通信管线的维护保障工作进展顺利。2009年全市已纳入维护的管道约5 000沟公里，其中2009年新增约862沟公里。根据《世博保障计划》所拟订的对各区域重要干线、郊区长途线路的维护和设备保养工作现已经基本完成，即将进入实质运转阶段。

一批市重点工程和世博相关项目配套管线建设任务顺利完成。基本完成世博园区市政道路配套管线建设和园区内233个各类场馆管道接入及部分光缆网络建设；基本完成虹桥综合交通枢纽市政道路配套管线建设，以及长江隧桥和上中路、西藏南路、新建路、人民路4条黄浦江越江隧道集约化光缆建设。

（二）通信基站

2G基站持续升级优化、3G网络部署全面铺开。2009年，2G基站建设进入升级改造优化期，网络承载能力和覆盖面得到较大提高。以上海联通为例，成功实现GSM全网改频，涉及全网3 406个基站、24 419个载频。2009年是3G推进的关键之年，随着中国3G牌照正式发放，3G网络部署全面铺开，形成移动通信基站新一轮建设高峰。2009年，上海共建设开通TD基站3 779个，已开通WCDMA 3G基站2 735个。同时，实施了TD网络设备升级改造和2G网络结构调整。2009年6月，启动"迎世博移动通信网络大规模调整优化工程"，对全市整个网络共1万多个基站进行了脱胎换骨式的升级改造，通过基站和网络的整体翻新，极大提升了网络的承载能力。以世博园区通信工程建设为例，宏基站建设开工率达92%，开通率达50%，TD-LTE宏基站建设进度过半，60%以上需进行TD-LTE室内覆盖的场馆已完成分布系统建设，室内覆盖工程陆续启动。

无线基站共建共享取得规模性突破，有效地利用了城市空间资源，降低了建设成本。

上海联通与上海电信在 2009 年初签订了 246 个基站的共建共享协议，以室内、车站、机场、交通沿线、旅游区域等为重点，全力推进共建共享，率先在全国取得共建共享合作模式规模性突破，起到了很好的示范作用。2009 年底，上述两家运营商在上海地区的 3G 无线网络达到了 100% 的共建共享。共建共享模式共节约投资 1 亿元，节约土地资源 2 万平方米，每年节电 100 万度。

案例 2：临港新城集约化基站顺利竣工投入使用

2009 年 2 月，上海临港新城 6 座集约化基站顺利通过验收，标志着三大运营商首批批量建设的集约化基站顺利竣工并投入使用。移动、电信、联通三方就基站电源引入、电费等费用支付方式、天线平台使用、机房内部面积使用、集约化管道共建和共享的实现形式等方面达成了具体共识，为下阶段通信运营商大规模的共建共享提供了一个可操作的模式和基础平台。

（三）通信局房

扩大郊区城镇的信息通讯局房建设是 2009 年上海市通信局房建设的重点。2009 年 12 月，总建筑面积 10 000 平方米、总投资近 2 亿元的上海联通金桥核心通信局房通过初验，正式投入试运行。该机房主要用于取代乐凯国际局和长途骨干机房的网络节点，并作为高品质 IDC 机房和网管中心使用，对上海市国际网络、长途骨干网络、本地核心网络和 IDC 业务的发展具有重要意义。

（四）海光缆和长途通信光缆

上海作为亚太国际通信海光缆重要登陆点以及国内三大国际通信结点之一，是我国海底光缆登陆的密集区。上海登陆的国际海底光缆承担着 80% 的国际赛事视频、新闻数据和国际电话的传送任务，上海区域的海底光缆占出口通信量的 70%。截至 2009 年底，在上海登陆的国际海光缆有 6 个系统，10 条海光缆，通信总容量达 2 000GB 以上，约占全国海光缆通信总容量的 50%；长途光缆线路总长达 3 151.28 公里。

海底光缆系统加快升级和扩容，大幅提升国际通信能力。2009 年 1 月 15 日，圆满完成了中兴 800G 传输系统扩容加波项目，扩容后国际海缆进城中继系统通信能力由原来的 60G 提高到了 300G。2009 年 4 月底，顺利完成了 C2C 国际海光缆传输系统第一期网络升级扩容工程及相关维护交接工作。扩容后，C2C 国际海光缆运行通信能力由原来的 320G 提高到 580G，大幅提升了上海市的国际出口和通信能力。

海光缆作为通讯大动脉，其维护保障工作尤为重要。2009 年因为"莫拉克"台风和台湾附近海域地震导致多条海底光缆相继中断。上海市在第一时间启动应急预案，经全力抢修在较短时间内全面恢复通信，共恢复通道及电路 27 条，包括 4 条 2.5G 国际通道、1 条 2.5G MSN 互联电路等，应急保障能力进一步提高。

四、信息网络设施

（一）固定电话网

近年，固话业务出现"两上升三下降"现象。即：固话用户离网率上升、零次数呼叫用户数上升和固话业务量增长速度迅速下降、住宅电话数量下降、ARPU 值下降。未来固定网络发展重心将从网络基础建设转移到价值链上层的产品和服务交付平台。

上海电信发挥全业务融合优势，通过固网与移动语音业务捆绑，实现固定、无线一体化，推进固网业务与移动业务的融合。2009 年 5 月 26 日，由中国电信和微软正式发布的"天翼 Live"实现了在固移多层面融合：在业务上，实现通信应用和互联网应用，固定互联网应用与移动互联网应用的融合；在用户服务上，实现了一号多用的功能服务，即用户只需一个手机号就可以在登录后使用语音、视频、文字通信以及邮箱等所有服务。

上海联通整合固网和移动通信网络，积极开发基于"固移融合"的增值业务，提升消费者的信息化应用体验。2009 年 9 月，联通推出的"固移融合"新产品——"联通家话"，该服务以联通移动网络作为接入手段，针对固网资源无法到达地区开展固话业务，弥补了固网资源的不足。

（二）数据通信网

数据通信网是接入互联网的重要通道，包括本地数据专线网和 IP 城域网等。2009 年，上海市城域网络持续扩容，网络结构不断优化，省级出口得到大幅提升。IP 城域网出口层达 1.2T，上海成为全国第一个达到 TB 级出口带宽能力的城市。在网络结构上，城域网汇聚层普遍部署 10GE 技术，中继带宽增加到 1T 以上，接入层的 BRAS 提供拨号及低带宽专线接入、CISCO7609 提供宽带专线上网。在接入方式上，在原有 WAN、以太城域网基础上，新增 MSTP、E-PON 模式，配合城市光网的建设。通过城域网 VPN 整合工作，上海电信所有 MPLS VPN 业务都已迁移到优化平台，商客质量得到大幅提升。此外，IPTV 视频业务、固网 NGN 业务、CDMA 网 NGN 业务，也在优化平台上实现了 IP 承载。

（三）移动通信网

近年，上海持续推动"无线城市"建设。2009 年全市新建 3G 基站近 7 000 个，WLAN 无线局域网建设由热点进一步扩大至热区，无线网络基本覆盖了中心城区、郊区新城镇和全市重要的干线。

作为全国 TD 网络建设和应用的示范地区，上海积极推进 TD-SCDMA 网络建设和应用，区域 TD 网络承载能力增强，网络质量稳中有升。到 2009 年底，TD 网络已基本覆盖上海市外环内区域，以及各郊区中心城镇等人口密集区域，覆盖面积约占上海总面积的 30%，人口覆盖率约 75%。TD 演进技术 TD-LTE，即准 4G 技术已在世博园区建成试验网并做好展演准备。

WCDMA 网络加快建设。截至 2009 年 5 月 17 日，上海联通顺利完成"3G 网络建设百日会战"建设项目，开通 3G 基站 2 735 个，其中宏站 1 921 个，微站 814 个。计划在 2010 年世博会召开前，完成所有场馆的 GSM 和 WCDMA 室内和室外宏基站覆盖，在重要交通枢纽区域增加宏站室内覆盖的容量和安全性配置。

WIFI 热点、热区建设加快。到 2009 年底，上海电信热点达到近 4 000 个，400 栋楼宇完成内环线内的补点覆盖，实现内环线内 150 平方公里范围的覆盖，每平方公里热点分布 5 个以上。上海移动的 WIFI 热点达到近 1 000 个，并积极推进无线校园、无线产业园、无线金融中心等热区建设。

（四）数字集群通信网

2009 年，数字集群网络应用范围不断扩大。新增数字集群计费用户 2 925 户，截至 12 月底用户总数为 35 627 户。具体应用上，一是实现公安行业应用突破，二是在上海地铁列车检修保障中心项目和公路管理项目（包括上海沪崇隧桥、上海申嘉湖高速等公路管理）中实现应用全覆盖，三是继续支持城管、化工、物流等行业用户的应用，为进一步扩大数字集群在各行业领域的应用范围打下了基础。

此外，800 兆集群政务共网为上海市重大活动提供通信保障支持，2009 年初，世博局将 800 兆集群政务共网定为世博会期间调度通信专网，为 2010 年世博会提供指挥调度通信服务。

五、功能性服务设施

（一）互联网络交换中心

2009 年是上海互联网络交换中心（以下简称"交换中心"）交换平台扩容后正式运行的第一年。平台经过优化及改造，大大提高了运行性能，各项性能和指标均达到预期的效果。应用闭环网络结构加强了交换平台网络系统安全性和可靠性；采用波分复用新技术，提高了链路的利用率；应用"互联网络 IP 流量汇聚分发及采集分析系统"新技术使流量信息实时发布显示和管理质量更趋于科学化。

2009 年交换平台流量较 2008 年显著提高。平台日均交换流量和总交换流量分别为 8.1TB 和 2950TB，增幅均为 21.4％。"互联网络 IP 流量汇聚分发及采集分析系统"对在平台进行交换的多种协议流量进行分类、统计和分析，为行业管理者提供指导意见。

2009 年，网间结算系统功能进一步深化完善。在与浙江大学管理学院共同研究"互联网络网间结算推广系统需求分析和软件系统方案设计"的基础上，着重推进"互联网络网间结算推广系统软件开发及应用推广"，为下一步网间结算应用推广做好准备。

（二）高性能超算中心

2009 年上海超级计算中心（以下简称"超算中心"）引入了中国首款超百万亿次超级计算机"曙光 5000A"（即"魔方"主机）。"魔方"主机由中科院计算所、曙光公司和上海超算中心共同研制完成，运算峰值速度将达到 200 万亿次／秒，上海超算中心计算资源迈上一个新台阶，进入百万亿次级别，速度提升至之前的 20 倍。在 2009 年公布的全球高性能计算机 500 强排行榜中，"魔方"凭借其计算峰值速度 230 万亿次、Linpack 值 180 万亿次的成绩，位列世界超级计算机前十名。

截至 2009 年底，"魔方"共开设主机账号 271 个，其中用户账号 197 个（科学用户 131 个，工程用户 66 个），测试账号 74 个。应用范围涉及天文、物理、化学、数学、力学、气象、生物医药、机械、航天航空、汽车、船舶、环境科学、测绘科学与技术、药学、纳米材料、流体力学、核电、市政工程、软件测试等领域。2009 年 8 月到 12 月，"魔方"主机平均利用率达到 33.26％，中心主干网络系统可用率为 99.63％。具体情况见图 2.2。

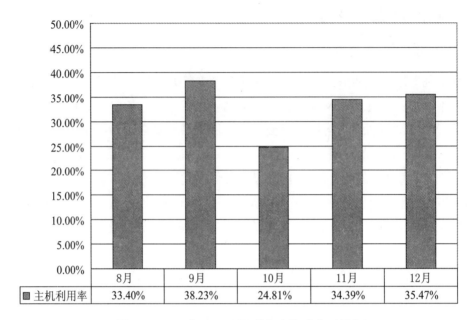

	8月	9月	10月	11月	12月
■ 主机利用率	33.40%	38.23%	24.81%	34.39%	35.47%

图 2.2 2009 年 8–12 月"魔方"主机利用率

在应用环境建设方面,"上海超级计算中心 CNGI 驻地网建设"、"高性能计算机信息管理平台"、"高性能计算平台的检测"、"基于网格技术的企业虚拟计算平台"4 个项目完善了高性能计算应用平台;"基于国家汽车碰撞标准的碰撞仿真流程开发"、"国家网络计算环境平台建设"两个共同合作项目提高了用户使用便利性。

在高性能计算技术的应用上,实现利用超级计算机的强大计算能力帮助建立盾构施工三维可视化仿真数值模型,在沪崇苏隧桥工程中实现长距离掘进施工的规律预测分析。在加快推进高新技术产业化九大重点领域中,新能源、民用航空制造、先进重大装备、生物医药、新能源汽车、新材料等 6 个领域应用到高性能计算技术,上海飞机设计研究所、上海核工程研究设计院、宝钢、上汽、上海交大、中科院上海高等技术研究院等研发机构和企业已使用上海超算中心的高端计算设施并取得大批成果,包括 ARJ21 支线飞机、大型民用客机、多个核电站、燃料电池汽车等重大项目。

(三)无线测控网

上海市于 2005 年启动了以无线定位测控技术为核心的地面无线测控网建设,同时落成上海地面无线测控网网络控制中心,标志着上海在加快构筑"天地一体"的定位测控服务应用格局中迈出了关键性的一步。在浦东金桥 1 600 平方米的指挥控制中心,连通全市城郊 71 个接收、发射、同步基站，覆盖包括崇明三岛在内、6 300 平方公里陆海面的一张庞大、多功能无线测控网已基本形成。

2009 年，上海无线测控网进入全面推广阶段，进一步提升了城市数字化、精细化管理水平。目前，上海已有 1 300 多辆环卫车装上了无线测控终端。2010 年将在机扫车、洒水车等各类环卫车辆铺开安装，年内可完成约 5 000 辆，环卫车辆是否及时清理垃圾、渣土车辆是否违规倾倒废料等公众问题将依靠无线测控网实现实时监控。同时，无线测控网技术也将在世博安检车辆监管、重点设施监控、安保人员位置服务及园区应急报警点等应用中发挥积极作用。

（四）呼叫中心

呼叫中心进入规模发展期。以上海联通为例，通过整合 10010 热线和 10060 热线，实现统一的欢迎词、统一的客户服务号码 10010 与统一的客服热线 IVR 流程，为向客户提供"一站式"全业务热线服务。2009 年 7 月至 12 月，上海联通数固侧话房和移动侧话房搬迁形成双话房、双客服系统运营模式，进一步推动了呼叫中心专业化、规范化、集中化管理。

2009 年 4 月，中国电信呼叫中心在上海成立，向全国提供全程网络和综合信息服务，标志着上海成为中国电信在网络建设和业务发展的重点区域。

六、重大信息基础设施专项

（一）持续加大"无线城市"建设力度

无线城市，是在整个城市的范围内实现无线网络的覆盖和服务，提供随时随地接入和速度更快的无线网络。建设无线城市，对于推动社会公共服务和管理、电子政务、应急联动、无线监控、企业信息化等具有重要意义。

2009 年，中国电信上海公司与各区县政府在"无线城市"项目的合作上更进一步。一方面，有步骤地推进各区县重点区域的无线覆盖，"无线城市"基础设施逐渐城市规模；另一方面，大力推进无线应用在社会公共服务和管理、电子政务、应急联动、无线监控、企业信息化等领域的发展。截至 2009 年底，在上海被称为"热点"的无线宽带网络覆盖区域已超过 5 000 个，预计到 2010 年将建成 10 000 个覆盖商务楼、中小型商务场所的无线热点，将上海打造成为"无线城市"的标志性地区。

（二）大力推进"城市光网"建设

"城市光网"是基于光纤接入的高性能、高带宽的综合信息通信网络，它将对商务楼采取光纤到楼层、对住宅小区采取光纤进门洞等措施，利用多种先进技术为用户提供"百兆进户、千兆进楼、T级出口"的网络能力。

2009 年 6 月，上海电信正式启动"城市光网（MONet）"行动计划，全面实施光纤化网络改造。至 2009 年末，共完成 75 万线光网用户改造，完成业务规划梳理和试点推广的准备工作，推出上网带宽和应用带宽分离的光速 e 家 –8 套餐，在浦东新区和嘉定区进行了小规模试点，实现年内发展 1 000 线试点用户的目标，完成城市光网业务规划及2010 年推广计划。

（三）启动建设以 3TNet 核心技术为基础的下一代广播电视网

中国下一代广播电视网（NGB）是以有线电视网数字化和移动多媒体广播电视成果为基础，采用自主创新的"高性能宽带信息网（3TNet）"核心技术，具有适合我国国情、"三网融合"、有线无线相结合、全程全网特点的下一代广播电视网络。

2009 年 7 月 31 日，科技部、广电总局、上海市人民政府共同签署了《中国下一代广播电视网建设示范合作协议》，协议在上海率先建设下一代广播电视网，推动上海成为国家下一代广播电视网（NGB）的示范城市。计划在 2010 年底前完成上海市中心城区 50万户采用 3TNet 技术的 NGB 的建设， NGB 将极大地提升广播电视网的性能和交互能力，为广大居民家庭提供交互式高清电视、视频通话、高速互联网接入、远程医疗、互动教育等三网融合业务。

（四）顺利开展中心城区有线数字电视整体转换和双向改造

上海市中心城区有线电视数字化整体转换工作于 2009 年 10 月 19 日正式启动，对市中心城区（徐汇区、长宁区、普陀区、闸北区、虹口区、杨浦区、黄浦区、卢湾区、静安区和浦东新区部分地区）范围内的有线电视用户分期分批进行有线电视数字化整体转换。到 2009 年底，完成有线电视数字整体转换近 80 万户，预计 2010 年底前将基本完成中心城区共 250 万户的有线电视数字化整体转换，基本完成有线电视网络双向改造。上海 IPTV 用户超过 100 万户，成为全球 IPTV 用户最多的城市，"有线通"宽带用户达到30 余万户。

（五）建成虹桥综合交通枢纽主体工程信息基础配套设施

2009年，虹桥交通枢纽的信息基础设施建设取得显著成绩，主要建设内容包含以下几个方面：

集约化移动通信覆盖系统建设。继2008年建成3处临时基站的基础上，2009年全面正式推进室外宏基站和室内覆盖系统建设。建成西航站楼、东交通中心、西交通中心、磁浮虹桥站和高铁虹桥站等5个室内无线信号覆盖系统；积极推进能源中心基站建设，跟随虹桥综合交通枢纽地块开发同步推进相关基站建设。

集约化基础通信管线建设。建设市政基础通信管道总长度约54.9沟公里，已建约54沟公里，完成率为98.4%；建成东交通中心、西交通中心、机场西航站楼、公共事务中心、能源中心、边检、消防、高铁等地铁建筑物的集约化接入管线。

集约化固网通信系统建设。建成虹桥综合交通枢纽主体工程固网通信系统并开通运行，其中，建筑物内固网分布系统由各业主单位建成，建筑物外固网信号接入系统由各电信运营商建成。

集约化通信局房建设。建成虹桥综合交通枢纽主体工程区域内的所有集约化通信局房，其中，核心局房约1000平方米，固网机房约100平方米，移动通信局房约960平方米。各运营商将根据虹桥综合交通枢纽开发进度以及各自业务发展特点，分阶段开通运行。

（六）推进迎世博600天信息通信架空线入地整治工程

2009年，信息通信架空线入地的建设整治工作取得显著成绩。整治工作实施范围包括中心城区主要景观道路、交通主干道、旅游景点、重要地区，共完成350公里道路架空线整治任务，约4000皮长公里的架空线入地。

（七）圆满完成沪崇苏长江隧桥通信配套工程建设

配套沪崇苏长江隧桥工程，以集约化的方式开展信息通讯系统建设。上海长江隧桥集约化光缆项目于2009年完成，共安装光缆行线架及线槽9286米，敷设光缆45条，约392.1皮长公里，熔接光纤8520芯。移动通信信号覆盖工程与长江隧桥工程同步完工，具体包括一个长江大桥室外信号光纤直放站和一套室内覆盖系统。移动通信覆盖信号包括上海移动TD、GSM，上海联通GSM和WCDMA，上海电信CDMA2000，为手机用户提供高质量无线通信服务。

第三章

信息技术应用

第三章 信息技术应用

一、社会领域信息化

社会领域信息化主要涉及教育、文化、医疗卫生、计生、农村和社区等几大领域的信息化应用（见图3.1）。2009年，社会领域信息化应用深入推进，社会公共服务能力进一步提升。主要体现在以下几个方面：

1. 教育信息化深入发展，对教学管理和服务的支撑能力逐步加强

高校数字化校园建设和应用得到更广泛的推广；中小学"校校通"网络支撑能力进一步提升；上海市中小学二期课改网络教研互动平台建设完成并投入使用，该平台是全国范围内第一个真正意义上的网络教研活动平台；上海终身学习网正式开通运行。

2. 文化领域信息化持续推进，互联网和广播电视内容监控取得新进展

上海市互联网上网服务营业场所计算机经营管理系统进一步优化，广播电视数字化内容检测与监测媒体资源综合应用系统建设完成；新兴文化业态有了新发展，传媒集团启动全球新媒体世博报道，沪苏跨地域合作下一代广播电视网，CMMB手机电视正式投入商业运营。

3. 社区卫生机构信息化实现全覆盖，区域医疗卫生信息共享有了新探索

社区卫生机构信息系统标准化建设圆满完成，800家村卫生室全部实现新农合实时报销；区域医疗卫生信息共享与应用系统建设持续推进，浦东新区陆家嘴区域卫生信息共享与应用系统建成、长宁区开通市民信箱发布医疗检验信息便民服务。

4. 人口计生领域信息资源开发和共享取得明显进展

人口和计划生育数据库持续完善，针对国家相关标准对上海市人口计生数据进行全面梳理和数据质量检查；人口计生信息共享程度进一步提高，计生领域与实有人口、人

教育领域信息化

中小学教育信息化
——"校校通"升级改造完成；中小学二期课改网络教研互动平台建设完成并投入使用

高等教育信息化
——上海教科网主干网全面升级，高校信息化应用跨校合作明显加强

终身教育信息化
——上海终身学习网正式开通运行

文化领域信息化

文化内容管理
——网吧监管系统实现与国家联网；广播电视数字化内容检测与监测媒资综合应用系统建设完成

新兴文化业态发展
——CMMB 手机电视正式投入商业运营，内容服务不断丰富

医疗卫生领域信息化

市政府实事项目
——围绕社区卫生机构标准化和新农合实时报销，完成信息系统配套建设

区域卫生信息共享与应用
——浦东、闸北等部分区县率先探索区域卫生信息共享

医疗卫生服务信息化
——首次开通通过市民信箱发布医疗检验信息的便民服务

人口计生领域信息化

重要支撑平台建设
——人口计生地理信息系统基本建成，流动人口计划生育信息交换平台完成升级改造

人口计生信息资源开发与共享
——对人口计生数据库进行了全面梳理和数据质量检查，与实有人口、人力资源和社会保障领域信息共享有明显进展

农村和社区信息化

农村信息化
——市政府实施项目"千村万户"农村信息化培训超额完成年度计划，完成行政村"一村一网"建设，建立村信息化带头人队伍

社区事务受理中心
——"前台一口受理，后台协同办理"服务模式逐步推广

社区信息服务平台
——社区信息服务进一步向综合性方向发展

注：图中深灰色■框内显示内容为2009年有重大成绩或突破的；图中浅灰色■框内显示内容为2009年持续推进的。

图 3.1 2009 年上海社会领域信息化发展要点示意图

力资源和社会保障领域数据互联互通有了新的进展；人口计生地理信息系统基本建成，流动人口计划生育信息交换平台完成改造，并率先在全国完成了平台对接。

5. 农村和社区信息化深入推进，为民信息服务体系不断完善

"千村万户"农村信息化培训普及工程深入推进，基层信息化工作逐步展开；借助"农民一点通"、农科热线等服务渠道，为农综合信息服务进一步深化；社区事务受理中心"前台一口受理，后台协同办理"服务模式逐步完善；部分区县增强了社区信息服务平台建设，社区服务向综合性和个性化发展。

（一）教育领域信息化

1. 上海教科网完成主干网升级，高校信息化应用合作明显加强

2009年上海市高校数字化校园建设进一步向前推进。上海教科网完成了主干网的全面升级，形成万兆主干环，缓解了教科网带宽瓶颈，部分高校已实现万兆接入，改善了高校信息化应用特别是校际应用的基础条件。同时，重点开展了以上海市教育系统跨校认证联盟为核心的应用建设，现有近20所高校加入了跨校认证；搭建了上海教科网协作平台，开展了网上报告厅、东北片跨校辅修、上海高校无线通等应用。目前网上报告厅有近百场报告，东北片跨校学习平台上线试运行。

2. "校校通"工程扎实推进，支撑中小学教育信息化深入发展

"校校通"工程为上海中小学教育信息化打下了扎实基础。市级层面，2009年"校校通"网络经过升级改造，整体运行良好；市教委网站的日流量为单向300兆，平均流量170兆，工作日峰值可达320兆，数据中心核心设备运行情况良好。区级层面，为满足不断扩大的带宽需求，各区县在吸取"校校通"工程建设经验后，逐步探索在各辖区内自建网络，形成了各级教育信息化应用按需在"校校通"与区县教育网络自主选择出口线路的局面。

2009年，上海市中小学二期课改网络教研互动平台建设完成并投入使用，为各级教研员、教师、教育管理者就二期课改提供一个讨论交流的平台，有效推动了上海市中小学二期课改工作。该平台是全国范围内第一家真正意义上的网络教研活动平台，共进行了47个学期学科（上学期15个，下学期32个）的网络教研活动，市、区县教委教研室通过网络平台对教研工作进行指导、发布各种教研信息、组织相关的教研活动。截至2009年12月底，该平台共发布教研信息1 990条，学科资源142个，学科案例874个，教研论文145篇，开展专题研讨163次。

3. "上海终身学习网"正式开通，学习内容和形式日趋完善

2009 年,作为上海市政府实事项目工程的终身教育平台"上海终身学习网"正式开通。上海终身教育平台形成了在线与离线、分散与集中、异步与同步、固定与移动相结合的"混合型学习"新模式,通过形式多样的推广应用为全市市民提供终身学习机会。目前整合完成了 1 461 个课件,为 40 万市民提供超过 3 000 小时的在线学习内容,覆盖终身教育、高等教育、职业教育和基础教育等方面,包括道德修养、科学素养、文化涵养、公民意识、生活保健、家庭安全、家庭教育、休闲技艺、家庭理财、法律维权、生活环境、语言文字、信息技术、就业指导、职业发展等各类群众喜闻乐见的课程内容,并为市民提供包括学习时长、测试评估和学习积分等内容的数字化终身学习档案。

案例 3：400 所农村中小学教育信息化应用推进项目全面启动

2009 年 10 月 24 日,由上海市教委主管、上海远程教育集团负责具体实施的全面推进上海市 400 所农村中小学教育信息化应用项目启动。该项目是在第一阶段 2 所实践学校及第二阶段 20 所试验学校成功推进的基础上,面向全市农村中小学校开展的教育信息化应用实践工作。在两年的时间内,将通过基础调研、过程性跟踪、教学教研指导、培训、大型活动、资源服务、技术支持、课题指导、评估等一系列信息化活动,深入推进上海市 400 所农村中小学校教育信息化应用,在信息化的背景下进一步推动教育质量的提高,实现城乡教育均衡发展。该项目的推进将成为实现上海市基础教育优质均衡发展的标志性节点,是上海市基础教育在全国率先基本实现教育现代化战略目标的重大举措。

（二）文化领域信息化

1. 互联网监控进一步完善，上海市网吧监控平台实现与国家互联

随着全国整治互联网低俗之风等专项行动的进行,上海市积极加强互联网综合监管。2009 年,完成上海市网吧实时监控系统接口软件开发,在全国第一个实现与中央网吧监管平台的互联互通;全年共完成 200 余家网吧监管系统的服务器配置和客户端的安装检查,做好中心网吧托管系统的维护工作,有效保证了网吧监测平台的技术性能。同时,通过该系统全年共抽取 700 余家网吧的 7 030 个终端,截屏 2000 余次,对浏览低俗视频或者网页的网民进行了有效的劝阻和教育。

2. 广播电视内容监测数字化深入推进，媒体资源综合利用能力逐步提高

2009 年,广播电视数字化内容检测与监测媒体资源综合应用系统建设完成。通过在广电节目内容监测中引入媒体资产管理的技术,提高了内容监测业务的标准化程度和资源共享能力,解决了直观性日趋弱化、信号可理解性较差的问题。目前,广电行业在采、

编、播、监、存等各环节之间的接口标准化工作仍在进行，节目内容监测系统收录端需要对各种信号进行处理。截至 2009 年底，中心所覆盖的广电监测范围主要是上海市中心区域 15 套有线电视节目和 11 套广播节目、郊区县 9 套有线电视节目和 9 套广播节目。

3. CMMB 手机电视正式投入商业运营，音视频内容服务逐渐丰富

2009 年，"中国移动多媒体广播上海商业运营启动暨合作签约仪式"在上海国际会议中心举行，标志着由国家广电总局自主研发的 CMMB 手机电视正式转入商业运营。CMMB 在全国经过一年多的试播，受到市场的热烈欢迎，特别在奥运期间引起了广泛关注。目前，上海市民在 CMMB 体验店和部分销售网点可订购和开通 CMMB 收视服务。上海的 CMMB 信号已覆盖中心城区 95% 以上，同时对 13 条地铁线路的车厢和站台进行信号覆盖。用户可以收看 7 套数字电视、收听 2 套数字广播，还能够获得天气预报、股票信息、电子报刊等数字业务的免费体验。

案例 4：沪苏跨地域合作下一代广播电视网

2009 年 7 月，传媒集团与江苏省广电信息网络公司共同签署沪苏"下一代广播电视网（NGB）"战略合作协议，双方将携手引进、开发 NGB 网络业务新形态，打造超过 100 万小时的国内规模最大、业务最全和内容最多的互动电视服务平台，共同开拓全国 NGB 运营市场，为全国网台合作、做大做强下一代广播电视网起到了示范作用。"下一代广播电视网"核心特征是全业务、全融合、全互动、低成本以及高可信。它将为家庭用户提供多业务的互动电视服务，除了交互式视音内容服务，还包括游戏、财经、购物等增值应用，以及衣食住行、教育医疗等信息服务和电视支付。互动电视还可以提供至少 50 兆网络接入带宽，真正实现畅游宽带互联网。在这次沪苏合作中，双方将在内容、技术、市场、资本四个层面实现优势互补。传媒集团旗下的文广互动公司提供互动内容和业务运营，江苏有线提供技术网络和规模用户。此次合作将有可能进一步延展到电视购物、增值业务、融资投资等多元领域。

（三）医疗卫生领域信息化

1. 配合社区卫生机构标准化和新农合建设，社区卫生机构信息化实现全覆盖

"社区卫生服务中心标准化建设"、"实现 800 所村卫生室新型农村合作医疗实时报销"是 2009 年市政府实事项目。围绕上述两项实事项目开展社区卫生机构信息化建设，是 2009 年医疗卫生领域信息化的重点之一。

2009 年是上海市社区卫生机构标准化建设的最后一年。截至 2009 年底，全市 232 家社区卫生服务中心、868 家社区卫生服务站和 1 760 家郊区卫生室全部完成标准化建设，相关信息化系统也如期配套，大幅提高了基层卫生机构的服务效率和水平。

截至 2009 年 11 月底，全市 800 家村卫生室全部接入新农合实时报销平台，其中浦东 4.6 万参合农民率先在全国实现通过社保卡进行新农合实时结算，为上海新农合全市统筹结算跨出了第一步。新农合实时报销的实现方便了参合农民就诊，减轻了参合农民就医费用负担，节约了成本。

2. 医疗卫生信息共享逐步启动，部分区域进行积极探索

区域卫生信息共享涉及卫生管理、医院、社区卫生服务、妇幼保健、疾病预防控制、卫生监督健康教育、科研教学、急救、血液供应等数十业务条线，且与其他社会部门如银行、保险等存在各种业务交互。医疗卫生信息共享与应用对于提高区域医疗卫生服务能力和水平具有重要意义。

2009 年，浦东新区陆家嘴大力推进区域卫生信息共享与应用，并建成相关系统。通过整合了浦东新区东方医院、公利医院、妇幼保健院三家二级医院和潍坊社区卫生服务中心等试点医院的医疗信息、健康档案信息，建立起计划生育管理系统和基于流程共享的区域妇幼保健系统。同时，建立了完善的居民身份识别 ID 唯一性保证体系，居民可网上查询健康信息、短信告知服务和个性化居民健康状况分析评估。此外，共享信息检索系统把医院管理、社区卫生管理和人群健康管理连接起来，引导居民合理利用区域卫生资源，促进卫生行政部门及时掌握卫生信息，实现全区医疗、诊疗信息共享的目标，增强转诊单的透明性。

3. 信息技术广泛应用医疗卫生领域，管理服务水平稳步提高

医疗卫生数据利用有了新探索。2009 年，长宁区依托现有平台整合区域内医疗卫生信息，结合市民邮箱平台，建设了"市民信箱医疗查询系统"，向社会民众提高医疗检验信息便民服务。自 2009 年 6 月开通试运行后，已有近千人次注册市民信箱并申请该项服务。目前，该服务已在区属 16 家医院全面实施，实现以邮件或短信方式将系统中医疗机构的各类检验信息发送至订阅市民手中。

疾病预防控制是区域医疗卫生管理的重要组成部分，信息技术应用是加强疾病预防控制有效手段。2009 年，宝山区疾病预防控制试验室管理系统项目通过专家验收。该系统将试验室人员、仪器、材料、方法、环境等五大要素统一规范管理，实现了客户网络预约登记、样品自动采集登录、试验室数据自动采集、报告自动生成、质量管理等功能。系统自 2009 年 8 月运行以来，完全取消了原有的各类报表打印和人工传递，真正实现无纸化、自动化和标准化的试验室管理。目前已通过管理系统出具检验检测报告 1 000 多份。该系统的应用提升了疾控中心试验室的运行效率和管理水平，为区疾病预防控制提供了有力的信息技术保障。

案例5：闸北区成为全国"合作共建统一居民健康档案示范区"

2009年，闸北区以居民电子健康档案为契机，全面推动区域卫生信息化建设。在网络建设上，目前闸北区已经基本实现区属卫生医疗机构网络的全覆盖；积极推动医院信息化建设，开发了区域医疗信息共享系统、门诊叫号系统、中小幼学生牙病防治计算机管理信息系统等；"健康闸北2020疾病筛查项目"顺利实施，为全面建设居民电子健康档案和医疗信息共享积累了宝贵的经验，打下扎实基础；构建了区域居民健康管理平台，近5万份居民电子健康档案实现动态运行，通过健康评估与疾病预警，体现了预防为主的理念；启动合作共建全民统一健康档案示范项目和区域住院电子病历共享系统的建设。闸北区卫生系统信息化建设投入少成效大，"闸北模式"具有很好的示范效应，闸北区被确定为全国"合作共建统一居民健康档案示范区"。

（四）计生领域信息化

1. 人口和计划生育信息资源建设持续改善，信息共享利用取得明显进展

2009年，上海市人口和计划生育数据库持续完善，新增个案信息1 214 699条。其中，户籍人口96 772条，流动人口1 117 927条；外部共享新增936 614条，基层人工新增278 085条。顺应国家人口计生委最新制定的人口数据规范标准，对上海市人口计生数据库进行了全面梳理和数据质量检查，开发了数据查错程序，引导和帮助基层人口计生工作人员主动纠正数据错误，进一步提高了上海市人口计划生育个案信息的数据质量。

2009年，市人口计生数据库接入实有人口数据交换平台工作正式启动，初步确定了市人口计生委的人口信息交换数据项、数据标准及数据交换频率，开发了专门的数据交换接口，为日后业务变动数据的报送奠定了基础，并实现1 996 563条独生子女家庭关系信息数据与市实有人口库的共享。此外，计生领域与人力资源和社会保障领域数据互联互通有了新的进展，在审核老年退休、一次性计划生育奖励、城镇生育保险等方面实现了信息共享。

2. 人口计生信息化应用深入渗透，为管理科学化提供有力支撑

2009年，人口计生地理信息系统基本建成，系统分为指标管理、指标浏览、机构查询三个模块。指标管理模块提供提取数据灵活制作各种专题图形的功能，指标浏览模块通过直观页面展示制作各类图形和图表供各级领导浏览决策，机构查询模块提供各类人口计生服务机构的查询统计、空间分布和地图定位等功能。

流动人口计划生育信息交换平台完成改造，率先完成与国家平台对接。新平台具有

流动人口信息在线实时查询、流动人口信息省际协查和流动人口信息数据批量交换等功能，提高了与上海市人口与计划生育综合管理信息系统的集成度和业务关联度，减轻了基层人口计生工作者的负担。

（五）农村和社区信息化

1. "千村万户"农村信息化培训普及工程深入推进，基层信息化建设逐步铺开

农村信息化培训持续推进。2009年，继续面向农村基层管理者、专业农民和有积极性的普通农民开展信息化应用技能培训。在培训设置上，根据学员的实际情况，新增应用班，侧重于互联网最常用的应用技能培训。在培训方式上，继续采用定点和流动相结合的方式，固定培训点设在经认定的乡镇成人学校、农业技术推广中心，在出行不便的地区由"信息大篷车"送教上门。2009年全市138个培训机构开设了815个培训班，共有34 727人参加了培训并通过考核，超额完成年度计划。

农村信息化宣传普及方式更趋多样。2009年，继续面向郊区县的农村居民开展电脑、手机、互联网等信息化工具应用的知识普及。在宣传方式上，除主要采用"信息大篷车"、"信息小篷车"进村、进厂，组织农村居民观看信息化知识宣传教育片、阅读普及读本的宣传方式外，还结合文化科技卫生"三下乡"等各类宣传教育活动宣传普及信息化知识，利用上海白玉兰远程网开展信息化宣传普及活动。此外，还创作了多媒体科普滑稽剧《橘树下的婚礼》到区县巡演。2009年全市共开展了2 200场宣传普及活动，"信息大篷车"、"信息小篷车"分别出车52次和1 480次，向315 299人进行了信息化宣传普及。

行政村网页建设顺利完成。2009年，在郊区县开展了行政村"一村一网"建设，共有9个郊区县的1 546个行政村建立了网页。同时为方便市民访问各村的网页，建立了行政村网页的统一访问门户网站（www.ycywsh.com）。行政村网页的建立，方便了市民通过网络了解郊区各个村的村容村貌、特色农产品、农家乐、交通线路等，推动郊区农村的发展。

建立村信息化带头人队伍。2009年，在郊区县每个行政村设立了1名村信息化带头人，并结合行政村网页建设工作对1577名村信息化带头人进行了培训。村信息化带头人队伍的建立巩固了农村信息化培训普及工程的工作成效。

2. 为农综合信息服务进一步拓展，服务方式不断丰富

"农民一点通"进千村。截至2009年底，郊区已有近1 200个行政村安装了"农民一点通"，全年共更新市、区县、镇、村信息十余万条，在郊区开展有针对性的远程授课培训9次，开展郊区信息员培训20余次，培训信息员及村民3 000多人次，共发放资料13

000 多份。"农民一点通"后台——为农综合信息服务平台实现与郊区各农业网、市农技中心网、嘉定农业财政补贴系统、崇明县测土配方系统的对接,大大提高了涉农信息资源的有效整合和利用。

上海"12316"农科热线提供 365 天 24 小时免费咨询服务。农科热线以"促进农民增收、农业增效"为己任,努力提高服务水平,创新服务模式,不断扩大服务影响。2009 年共接到全国各地的咨询来电 13 731 个,网上提问 380 个,组织热线各单位各行业专家开展科技下乡和科普进社区等活动 20 余次,接受咨询服务人数超过 5 000 人次。同时,农科热线通过增加短信平台拓展了服务渠道,全年向农业专业户共发送农业科技信息 16 363 条。

案例 6:"农民一点通"的应用

上海市浦东新区曹路镇永丰村把"农民一点通"设置在登丰农资超市曹路店内。自 2009 年 4 月开通以来,此处"农民一点通"的农科热线视频电话使用频率一直很高,基本上每天都有好几个电话,使用效果良好。农民在农资超市购买农药、化肥后,有问题可通过远程视频进行咨询,专家也能方便地确诊"病例",快速地给农民解决问题。"农民一点通"来到店里,不光是农民受益了,工作人员也学到了很多专业知识,提高了服务能力与业务水平。

案例 7:金山区农村信息化建设实现全覆盖

2009 年,金山区新农村信息化建设工作取得了显著进步,从最初简单的农信机发送天气预报等短消息到组建村委会集团 V 网,拓宽了村民的信息渠道,加强了村民的信息交流途径,降低了农民的信息费用负担。截至 2009 年底,金山区共开通农信机达 160 台,完成金山区 9 镇 1 工业区全部共 124 个村信息化建设工作,实现金山区新农村信息化建设覆盖率 100% 的目标。据统计,年内共发送信息短信 100.7 万条,平均每村发送 7 千多条,各村委利用完善的移动通信网络和资源,为村民提供与农业生产、生活信息、村委通知等相关的信息服务。

3. 社区事务"前台一口受理,后台协同办理"模式逐步推广

在"一门式"受理的基础上,全市 80% 以上的社区事务受理服务中心采取了统一受理信息系统,正从"一门式"向"一口式"发展。2009 年,黄浦区半淞园路街道启用"上海市社区事务受理服务系统"(即"一口受理"系统),该系统包括民政救助、廉租住房、劳动就业、医疗保险、工会服务、居住证办理等应用模块,并整合了排队叫号系统和触摸查询系统,实现了各个条线的业务协同,市民在任何一个窗口都能办理所有业务,形成"前台一口受理,后台分类办理,中心一头管理"的服务模式。为保障"一口受理"系统正常运行,制订了《受理中心系统故障定位流程》《受理中心突发事件应急处理预案》和《机房管理制度》等相关制度。"一口受理"系统的运行解决了窗口忙闲不均的问题，优化了事务办理流程，提高了工作效率，方便了居民办事。

4. 社区信息服务平台建设加强，支撑社区服务向综合性方向发展

为加强社区与居民的联系，更好地服务居民，上海加强了社区信息服务平台建设，社区服务向综合性方向发展。2009 年，卢湾区建成综合性社区服务平台"社区服务新天地"，通过网站可提供社区事务受理服务中心 14 项 96 个方面的服务信息，社区文化活动中心 40 项 88 个方面的服务信息，社区卫生服务中心 13 项 40 个方面的服务信息，社区公共服务的 15 项 384 条信息，社区商业服务的 14 项 326 条信息，28 项 962 条社区服务机构信息，27 个特色个性服务栏目，共形成 7 大类 55 个子栏目的服务信息；发布卢湾区全景网上三维地图，并叠加了党政机关、公共服务、商业服务共 27 项图层信息，通过整合各街道各类服务信息，网站按照公共服务、商业服务等版块，以全区统一的界面面向社区居民。

二、经济领域信息化

经济领域信息化主要涉及金融业、商贸流通业、旅游会展业、制造业、农业等（见图 3.2）。2009 年，上海市经济信息化加快发展，有效支撑了经济发展方式转变和产业结构调整，主要体现在以下几个方面：

1. 金融领域信息化稳步推进，有效支撑了上海金融中心建设

2009 年，上海金融行业克服金融危机的不利影响，银行卡持卡消费同比增长三成，有效促进了社会消费增长；保险业信息化基础设施建设步伐加快，大型数据中心和备份中心陆续建成并投入使用；证券业核心业务系统实现升级换代，提升了信息技术对证券业务和公司管理的支持能力。

2. 电子商务继续保持快速增长态势，并加快与传统行业的融合发展

2009 年，电子商务继续保持快速增长态势，全年完成电子商务交易额 3,315.79 亿元，同比增长 19.0%，电子商务交易额增长对全市商品流通总额增长的贡献率达 10.2%；电子商务发展环境不断优化，《上海市促进电子商务发展规定》于 2009 年 3 月 1 日正式实施，上海电子商务发展环境逐步优化。

3. 满足世博会旅游要求，旅游服务和监管信息化水平明显提升

2009 年，以举办世博会为契机，充分利用信息技术，大力提升旅游服务质量。开展旅游在线服务、网络预订和网上支付，充分利用社会资源构建旅游数据中心、呼叫中心，

金融商贸信息化

银行卡交易
——银行卡交易金额不断攀升，促进社会消费增长

金融机构信息化
——上交所新一代核心系统上线；保险机构大力推进统一数据管理与利用；银行业积极发展在线零售金融

金融信息服务平台建设
——市机动车辆联合（保险）信息平台启用 ；"外滩金融在线"网站正式开通

电子商务
——电子商务加速与产业融合发展，交易额持续攀升

制造业信息化

企业信息化
——钢铁、汽车、石化、航空等行业的大型企业信息化建设初见成效；"IT133"工程实施，大飞机工业研发和生产水平提升

公共服务平台
——支持各行业、各领域工业软件研发；探索建立高新技术产业园的标准化服务体系

旅游信息化

旅游管理信息化
——入境游、国内游管理系统启动建设；上海出境游信息动态监管系统建成

旅游服务信息化
——上海城市形象及旅游推广资源库上线运行；世博会住宿设施预定系统启用

农业信息化

农业信息基础设施建设
—— "为农综合信息服务千村通工程"圆满完成；"上海农业中心数据库"建设持续推进

农业生产信息化
—— "水稻高产高新技术集成创新示范工程"取得显著技术成果，农业科技创新平台建设不断推进

农业流通信息化
——优质农产品电子商务平台"菜管家"开通运行；食品安全信息查询系统在 600 家标准化菜市场建立

注：图中深灰色■框内显示内容为2009年有重大成绩或突破的；图中浅灰色■框内显示内容为2009年持续推进的。

图 3.2 2009 年上海经济领域信息化发展要点示意图

全面提升旅游企业和旅游景区的旅游信息化服务水平；启动入境游、国内游管理系统建设，建成上海出境游信息动态监管系统，对旅游市场进行规范。

4. 信息化与工业化融合步伐加快，大中型企业信息化建设初见成效

2009年，上海企业信息化发展环境进一步优化，公共服务平台建设不断完善，工业软件研发获得大力扶持，夯实了"两化融合"的发展基础。钢铁、汽车、石化、航空等行业的大型企业信息化建设初见成效，特别支持了大飞机研发的"IT133"工程，提升了航空信息化水平。

5. 农业领域信息化水平稳步提升，信息服务网络不断延伸

强化面向三农的农业公共信息服务，深入推进为农综合信息服务千村通工程，信息服务网络不断延伸；充分发挥信息技术的支撑作用，围绕农业生产管理和流通等环节深化拓展应用。

（一）金融商贸信息化

1. 金融业信息化

银行卡交易额持续攀升。截至2009年末，全市银行卡联网商户累计达到7.35万家，联网POS机累计约2.10万台，联网ATM机数1.16万台；到12月底，全年银行卡交易金额9517.10亿元，同比增长37%以上，其中持卡消费金额超过4 200亿元，剔除大宗交易后的零售类持卡消费金额超过2020亿元，有效促进了社会消费的增长。

金融机构信息化建设持续推进。银行机构协同广大商贸企业推动无障碍刷卡建设，积极探索包括在线银行、手机银行等新兴零售金融业务；保险行业积极推进数据整合共享，建立统一的数据管理和应用平台；上海证券交易所开发新一代证券交易系统并成功上线运行。

市机动车辆联合（保险）信息平台启用。2009年7月，"上海市机动车辆联合信息平台"启用，实现机动车辆管理、交通违法记录、保险理赔记录的信息共享，并对部分费率浮动实行统一标准。平台集中了公安部门的车辆信息和驾驶员管理信息、交通运输管理部门的车辆使用信息和保险机构车险承保理赔信息及有关的车辆购置价信息。通过向保险机构和投保人公开车辆承保、理赔信息，可提高车险投保透明度，方便投保人对保单真实性、理赔真实性等信息的查询。平台的主要特点有：通过建立"上海地区车型数据库"，统一了投保车辆的新车购置价标准；通过与交通运输管理部门的信息共享，统一了营运车辆的使用性质标准；通过车险平台为各家保险公司提供的信息，统一了安全驾驶、客户忠诚度、无赔款优待商业车险费率浮动因子的使用标准。

"外滩金融在线"网站开通。2009年10月28日,外滩金融在线网站开通,设置栏目包括:金融资讯、金融文化、金融指数、金融机构、金融载体、金融产品、商务服务、投资指南、互动空间等。网站的开通增强了外滩金融集聚带在社会上的知晓度和认同感,为入驻外滩金融集聚带的金融企业提供便捷、周到、高效的服务,为外滩金融集聚带的建设以及上海金融中心的建设提供了有利支撑。

案例8:中国人保资产管理股份有限公司统一数据平台项目

通过构建覆盖跨市场、全资产、全业务的数据共享平台,提供账户结构和内部投资流程,实现统一交易审批、统一实时风险控制和合规检查、统一交易台账和统一组合管理等重要业务功能,实现了前台交易与后台估值核算系统数据流的一体化,为公司投资决策以及中台分析等提供了有力支持,是保险资产管理行业的重要创新。

相比市场通行的系统,统一数据平台具有以下特点:一是一体化的固定收益场内场外交易支持,实现固定收益投资场内、场外业务的系统化和电子化;二是跨市场、全资产、全业务的数据集中在统一数据库中,实现基于全资产的事前风控控制合规检查,相关的台账报表基于完整、统一的数据生成;三是强大的组合管理功能,实现组合管理支持的主要系统功能,有效提高TAA(战术资产配置)策略实施和交易约束的系统支持能力,提高了流动性管理效率和能力。

案例9:上交所新一代核心系统成功上线

2009年11月23日是上海证券交易所新一代交易系统正式切换上线进入试运行期的第一个交易日,新系统顺利完成了从集合竞价、开市、上午收市、下午开市直至全天收市的整个交易运行过程。新一代交易系统的切换上线,是上交所对现用交易系统进行的一次全面更换。该系统切换上线成功,大大提升了交易系统的撮合效率和撮合能力,增强了交易系统的安全性和可靠性,使投资人参与交易更安全、更便捷、更公平,效率更高,同时也为今后交易所开展模拟交易业务、交易所托管业务、多品种、多平台业务等提供理想的支撑平台。

案例10:银行卡无障碍刷卡进一步推广

为建设便捷、安全、高效的银行卡支付环境,宝山区结合银行卡刷卡交易情况、受理标识张贴情况、持卡人满意度、收银员银行卡业务技能和服务水平等方面的综合情况,申报了宝钢商场等23家单位为"银行卡刷卡无障碍示范商户"。23家单位POS机普及率为100%,POS机总量为487个,2009年1–11月累计刷卡消费超过10亿元。另外,申报牡丹江路商业街(盘古路至密山路)为"刷卡无障碍示范商业街区"。通过推进银行卡刷卡无障碍活动,宝山区不断提高银行卡各领域、各方面工作人员的职业素养和服务水平,营造良好的银行卡支付环境，促进银行卡的应用普及，为迎接世博做好充分准备。

2. 电子商务

电子商务深入渗透，呈现与传统行业融合发展趋势。顺应电子商务专业化、纵深化、国际化的发展潮流，上海电子商务正在从起步阶段的制造业、商贸业领域向金融业、物流业及现代服务业领域内的细分行业持续渗透。在制造业领域，以骨干企业供应链为主导的 B2B 电子商务正在向相关行业产业链上下游渗透；在商贸业领域，电子商务得到了日益广泛的应用，B2C 电子商务突飞猛进；在金融业领域，网上银行和第三方支付应用已经逐渐为社会大众普遍接受，网上保险等创新应用蓬勃发展；在物流业领域，第三方、第四方物流企业逐步壮大，通过电子商务手段大幅提升了相关企业的市场推广和服务能力。

实施电子商务应用高校推广工程，提高大学生电子商务应用水平。继开展"迎世博，电子商务进我家"活动取得良好效果后，为进一步在大学生群体中宣传电子商务理念，提高大学生电子商务应用能力和就业竞争力，促进适应电子商务发展需求的复合型人才培养，2009 年上海先后在松江大学城、复旦大学和虹口北外滩开业园区举办"电子商务进校园"活动，近 70 余家市电子商务行业协会会员单位进入高校，开展形式多样、内容丰富的电子商务应用实践推广活动，近 20 所上海知名高校逾千名在校大学生踊跃参与。

举办网上创业创意大赛，促进创新人才培养。2009 上海网上创业创意大赛吸引了复旦大学、同济大学、上海财经大学、东华大学、上海第二工业大学等 20 所高校的近 600 名大学生报名参赛，上海大学和上海第二工业大学的参赛选手从初赛、复赛和决赛中脱颖而出，此次大赛在帮助高校大学生提升网上创业能力，引导大学生加强电子商务经营管理的学习和实践，结合企业人才需求，促进具有实战能力的创新人才培养等方面具有积极的意义。

案例 11：宝钢采购电子商务平台建设成效显著

宝钢采购电子商务平台是东方钢铁电子商务服务的重要组成部分，具备网上寻源、询比价、竞标、竞价等功能，改变了传统的采购模式，实现了采购过程自动化、透明化，有效降低了采购双方互动成本。2009 年，宝钢采购电子商务平台交易额突破 80 亿元，其中，网上竞价金额 70 亿元，电子招投标金额逾 13 亿元。同时，东方钢铁充分发挥网络平台的支撑作用，积极完善服务手段，提升服务质量，确保宝钢采购组织与供应商之间业务的顺利开展，网上交易品种和交易量不断扩大。目前，宝钢股份资材备件采购部、原料采购中心、工程设备部、不锈钢事业部、宁波钢铁、工程技术公司、宝钢化工、一钢公司、宝华招标等均已通过东方钢铁电子商务平台开展采购业务。

（二）制造业信息化

1. 软件企业和制造业企业融合互动，推动制造业信息化向纵深发展

为协调推进"两化融合"重大专项工程中涉及软件产品研发、应用和服务模式创新的事项，上海市积极引导软件企业和制造业企业融合发展。在交通电子领域，支持上海市企业研发汽车电子嵌入式软件和车载智能终端设备，拓展各类基于汽车的信息服务；在轨道交通装备领域，支持轨道交通领域信号管理系统、各类终端设备和系统的嵌入式软件研发及其应用；在钢铁生产自动控制、汽车车身数字化制造、船舶数字化制造、石化安全生产监控领域，支持智能监控、石化加油设备、便携计算设备、有源 RFID 设备等形成嵌入式软件的规模化和产业化，扶持建设面向装备制造领域的工业软件智能测试系统，搭建工业软件验证环境，提升工业软件品质。

2. 大型企业信息化发展加快，带动行业信息化水平逐渐提高

2009 年，上海大型企业信息化加快发展，宝钢集团积极推进协同办公平台的应用，基本完成下属子公司的全覆盖；上汽集团自主研发的工程管理系统 GBOM（Global BOM）系统，实现了公司跨地域价值链上的工程、物流、制造、采购、财务、营销等业务流程的优化和整合；上海石化通过企业资源计划（ERP）应用保标和生产执行系统（MES）项目实施，优化了业务流程，提升了管理绩效；同时这些大型企业信息化的发展也提升了钢铁、汽车、石化行业整体的信息化应用水平。

案例 12：宝钢集团信息化建设向集成、共享、协同转变

2009 年，宝钢集团围绕企业发展和管理变革的新要求，重点加强对子公司信息化规划的系统论证，于 2009 年底初步形成了宝钢集团和主要子公司（包括宝钢股份、宝钢资源、宝钢金属、宝钢化工等）的信息化规划。并不断推进集团管控 / 共享系统的建设，推进协同办公平台对子公司（特别是宝钢股份直属生产厂部和宝钢发展各层级公司）的覆盖。截至 09 年底，已完成 198 家分 / 子公司的覆盖实施。同时，完成与公司组织机构变革有关的适应性调整，提升了公司横纵向的系统协同能力，在潜移默化中改变了员工的办公行为，提高了办公效率，使企业信息化向集成、共享、协同转变。

3. 实施"IT133"工程，提升了大飞机工业研发和生产水平

大飞机项目自 2008 年落户上海后，为早日打造出我国自己的大飞机，中国商飞公司高度重视信息技术与航空工业的结合，成立了专门的信息化工作领导小组，编制完成公司《信息化规划》，并提出建设"IT133 工程"的总体目标。"IT133 工程"，即采用先进

的信息技术，利用 5 年的时间，建设"1 套"世界先进的信息化基础设施，建立健全信息化"3 个"体系(信息化组织体系、信息标准体系、信息安全保障体系)，建设"3 个"数字化平台(数字化设计制造协同工作平台、企业管理信息化平台、客户服务信息化平台)及其软件应用系统，提升大飞机工业的研发和生产水平。

航空工业已进入全数字化时代，采用数字化技术来提升产品开发的效率和质量水平已成为大势所趋。信息技术在飞机研制和生产方面的广泛应用，也使飞机研制和生产方式产生了深刻的变革。虽然我国飞机制造业已有 30 多年数字化技术研究和应用的经验，但在信息化方面的进步多是在飞机数字化研制手段等单项信息技术应用方面，并没有形成完整的数字化设计、制造和管理过程，在整体上与世界先进航空企业还有较大的差距，尤其是大飞机的研制在国内尚属空白，而制造一架大飞机需要的数百万个零配件来自电子、材料等产业的 1 000 多家供应单位，如何对数量众多的供应商进行实时的生产状况监控，如何对支线飞机的基础软件进行二次开发等都是中国商飞公司所面临的一个难题，需要包括信息技术产业在内的各个环节来共同推动。

（三）旅游信息化

1. 借力世博会，上海城市旅游信息化水平显著提高

城市形象及旅游推广资源库上线运行，有效促进了旅游信息资源的整合。上海城市形象及旅游推广资源库将于 2010 年正式上线运行。目前资源库已有图片近万张，文字量百万，并专为世博会开辟数个主题，以便海内外媒体和旅游商查询。资源库与每季的信息发布形成"动"和"静"组合，广大媒体可获得最翔实、最权威、最及时的上海旅游消费信息。

世博会住宿设施预定系统启动。2009 年，世博会住宿设施基本数据库建成，收录了上海市各宾馆和景区景点的住宿设施存量并反映动态新增情况；并在此基础上建成世博会住宿设施预定系统。通过对外及时公布住宿设施预定情况，方便游客了解住宿相关信息，提升了旅游信息化服务水平。

2. 出入境旅游管理信息化加速推进，旅游动态监控能力明显增强

2009 年底，入境游和国内游团队管理系统启动建设，该系统以上海旅游行程为核心，对入境旅游、国内组团等旅游团队的行程设置、导游安排、车辆派遣等旅游过程中的各环节进行监控，起到规范旅行社服务、提高服务质量、优化上海旅游环境等作用。

2009 年，上海出境游信息动态监管系统启动。系统整合了全世界 92 个出境游目的地、1 504 个目的地城市、3 033 家地接社和上海 5175 名出境游领队的信息，使组团出境游的管理流程由手工操作全面实现信息化管理，能实时监控上海出境游团队的各种状态，掌握游客行程，以应对各类突发事件。

案例13：上海市首个盲人智能导游系统落户崇明

2009年，上海市首个盲人智能导游系统在崇明县前卫村落户，盲人朋友可以通过盲道、盲文导游图及无线耳机等设施在景区内畅游。盲人朋友进入前卫村的景区前，可以去总服务台申领无线耳机，耳机通过景区内的无线信号发射装置接收信息，使盲人在游玩时能听到各景点的介绍。

（四）农业信息化

1. 农业信息基础设施建设深入推进，服务网络进一步延伸

"为农综合信息服务千村通工程"圆满完成，截至2009年末，郊区已有近1 200个行政村安装了"为农综合信息服务智能查询终端"（即"农民一点通"），超额完成了原定1 000个行政村的计划任务。"为农综合信息服务千村通工程"结合"三农"实际需求，整合各部门资源，建设综合信息服务平台，并在郊区建设信息服务站。农民在本村可以方便查询村务公开、农业技术、价格行情、预警信息等与广大农民生产生活密切相关的内容，还可直接与上海农科热线实现视频对话，受到了郊区广大农民的热烈欢迎。

持续建设"上海农业中心数据库"。为进一步把握上海市农业农村经济发展规律，及时掌握农业各行业整体情况和发展趋势，做到情况明、底数清、数据准，为科学决策和高效管理提供可靠依据，上海市于2008年底正式启动农业中心数据库建设。目前，已完成数据库整体的框架开发，建成基础地理、土地资源、种植业、养殖业、农机、农产品价格、农村社会经济、农业机构和人员等八个数据库。

2. 信息技术支撑农业科技创新取得明显成效

建设农业科技创新平台。2009年，先后有国家植物基因中心、国家食用菌工程技术研究中心等国家级创新平台落户上海，国家工程技术研究中心等创新平台建设不断推进，上海农业科技创新中心筹建成立，国家（上海）现代农业专利展示交易中心为现代农业领域内的专利权人、植物新品种权拥有人、创业者以及投资者提供了知识产权方面的全面服务。

3. 农产品流通领域信息化应用逐步推广，效益逐渐显现

上海优质农产品电子商务平台——"菜管家"开通运行。2009年12月"菜管家"正式开通，平台以互联网和电子商务为手段，将上海郊区的优质农产品集中进行展示销售，既解决了农产品销售难、农民增收难的问题，又满足了广大市民对优质农产品不断增长

的需求。目前，"菜管家"共引进农副产品、食品类供应商 40 多家，包括：非鲜活类肉禽、水产、禽蛋、蔬菜、水果、粮食、食用油、酒类以及其他食品类共约 1 500 多个单品，已为上海市近千家企事业单位提供了各种节日福利、会务礼品等农产品团购，同时为数万名个人客户提供新鲜健康的农产品在线订购，以及有机蔬菜、粮油、土禽等品质食材的安心宅配服务。

食品安全查询系统在上海市 600 家标准化菜市场基础上建立。为了提升世博窗口形象，"600 家标准化菜市场建设食品安全信息查询系统"被列入 2009 年市政府实事项目。标准化菜市场食品安全信息查询系统利用原猪肉流通安全信息追溯系统，通过软件升级、功能扩展，完善其现场查询功能，开发形成食品安全信息查询系统。

三、城市建设与管理信息化

城市建设与管理信息化主要涉及城市空间地理信息资源、城市网格化管理、城市交通管理智能化、土地房屋管理信息化、市政信息化等方面。2009 年，防灾应急、市政、房地、环保、市容绿化、水务等领域信息化应用不断深入，上海城市建设与管理的智能化水平稳步提升。主要体现在以下几个方面：

1. 城市空间地理信息资源建设向纵深发展

目前上海地下空间信息基础平台已经汇聚了长宁、黄浦两区的地下管线数据，长宁区、黄浦区（部分区域）的地下构筑物数据，以及全市比较宏观的地质数据。

2. 城市网格化管理向专业领域、社区层面延伸和拓展

2009 年，各区县着力加强社区网格管理分中心和社会防控体系建设，建设完成上海绿化市容专业网格化平台基本。

3. 土地房屋管理、市政等城市管理专业领域信息化稳步推进

围绕住房保障、房地产市场、物业、拆迁等领域，有序推进土地房屋综合管理信息化发展，管理功能不断完善；市容环卫绿化、民防、水务、环境保护等领域信息化继续推进，部分领域取得突破性进展，呈现新亮点。

（一）城市空间地理信息资源建设

随着上海城市建设和经济的进一步发展，可利用的地面土地资源正日益减少，地下空间资源的规划和开发建设受到高度关注。同时，地下工程建设快速发展，由此引发的安全风险也同步增加。在这样的背景下，地下三维空间信息的收集和整理成为当前上海城市空间地理信息资源建设的新热点，城市空间地理信息化进一步向纵深发展。

2009 年，推进上海地下空间信息基础平台一期建设，建立了上海地下空间信息基础平台数据等标准规范；在中心城区的黄浦区、长宁区开展了地下空间数据的建设实践，构建了地下空间信息基础平台数据库；对平台基本管理应用服务功能进行了研究开发，搭建了平台运行实体的基本框架。自上海地下空间信息基础平台建设项目实施以来，上海地下空间信息基础平台已经汇聚了长宁、黄浦两区的地下管线数据，长宁区、黄浦区（部分区域）的地下构筑物数据，以及全市比较宏观的地质数据。

（二）城市网格化管理

上海城市网格化管理平台不断向专业领域进拓展。基本建成上海绿化市容专业网格化平台。该平台有效利用了现有城市网格化管理资源，整合了现有的电子政务平台、行政审批平台、办公自动化系统等，充分利用政府投资，增进政府资源的共享共用，增强政府信息的沟通渠道，建立了政府监督协调、企业规范运作、市民广泛参与、各司其职、各尽其能、相互配合的绿化林业管理联动机制。

上海城市网格化管理平台进一步向社区层面延伸。杨浦区推进了延吉、定海、新江湾城社区（街道）网格分中心硬件设施建设，并在区内 12 个社区网格化管理分中心推广社区网格管理分中心平台软件；闸北区完成 8 个街道（镇）社区网格化分中心管理平台建设，形成了"一口受理、内部协办"的工作机制，实现在区、街道（镇）两级的信息共享和业务互动；浦东新区潍坊社区依托城市网格化管理平台，针对张杨路马路设摊、浦城路 580 弄市容环境差、辖区内夜排档等突出问题，先后开展了乱设摊、食品安全、夜排档等专项整治。

上海城市网格化管理逐步从以治为主转向治防并重。静安区、杨浦区、闸北区、金山区等各区着力加强社会防控体系建设，在道路交叉口、重点部位、治安复杂场所、案事件高发点等地方稳步推进实时图像监控系统建设，提高了政府管理效能。此外，浦东新区建设了世博图像监控项目、高清视频监控卡口系统、浦东城市图像监控三期和浦东轨道 6 号线光缆及沿线监控四个项目，完成了浦东公安指挥通信体系的升级改造；奉贤区实施了"区海防反恐监控信息系统"工程，建设 5 个海防反恐高清远距监控点位，并实现与区图像监控系统互联互通、资源共享。

（三）土地房屋综合管理信息化

2009 年，土地房屋综合管理信息化围绕电子政务平台、住房保障管理、房地产市场管理、物业管理、拆迁管理等领域稳步推进，管理功能不断完善。

在电子政务平台建设方面，市住房保障和房屋管理局网站进行了重新梳理、建设，网站内容管理系统进行了升级；完成 290 个房地办（所）的联网和技术支持，建立了日常管理和维护检查制度；加强运维管理体系规范建设，系统运维通过了 ISO 20000 IT 服务管理体系认证；办公自动化系统和信访投诉系统升级改造完成。

在住房保障管理方面，廉租系统从受理、审核、公告、登记、签约到配租等廉租住房网上业务办理的功能进一步完善，经济适用房的申请对象、房源、审批流程等业务管理信息化建设启动；在房地产市场管理方面，市场供应、交易情况的统计分析和动态监管进一步完善，二手房管理系统升级改造完成，存量房资金监管系统完成系统开发上线运行，2009 年全年累计办理资金监管业务 2867 件；在物业管理方面，962121 物业呼叫平台于 2009 年 6 月 15 日在全市开通，实现居民报修、咨询、投诉等一口式受理；在拆迁管理方面，拆迁类行政审批被纳入拆迁信息管理系统，对拆迁许可证、拆迁基地、拆迁上岗人员的管理进一步加强，基础数据采集功能进一步完善。

（四）市政信息化

1. 市容环卫绿化领域深入拓展基于网格化平台的应用

2009 年是上海市绿化和市容行业在网格化平台建设、重点项目推进等方面取得了新进展。

在专业平台建设上，基本建成上海绿化林业专业网格化管理系统，将上海市的林地、湿地和野生动物等纳入"专业网格化"管理体系，实施对绿化林业资源的全覆盖管理，提高上海绿化林业管理水平。

在重点项目推进上，城管执法系统优化工程前期工作已完成，该项目由城管执法系统和建筑垃圾渣土车管理信息管理系统两部分组成，截至 2009 年 10 月底，全市共有 14 个区的 20 家专营企业以及 5 家加盟企业的渣土车安装了电子标签，共计安装电子标签数 544 张，向 11 个区发放阅读器共计 36 台；启动生活垃圾物流调度信息管理系统建设项目。

在电子政务建设方面，"绿化市容"虚拟专网全面开通，该网实现了全行业 25 个直属单位和 86 个区县相关单位在统一的平台上数据网络通讯。此外，完成行业行政审批许可受理系统的整合开发、全行业的办公自动化系统的升级改造、全行业视频会议系统的整合，有序开展投诉受理系统的整合。

案例 14：城管执法系统完善项目建设

为配合世博而开发建设的城管执法系统完善项目由城管执法系统和建筑垃圾渣土车管理信息管理系统两部分组成，主要内容包括建设完善执法勤务系统（一期）、城管督办监查系统、城管执法 GIS 调度系统，建设覆盖全市的城管执法勤务数据采集网络，整合网格化管理、绿化市容投诉、城管短信告知等业务系统信息资源，实施黄浦、卢湾、静安、徐汇等四区试点工程。该项目计划在各建筑工地、卸土点配备装卸工作记录设备，在合格的渣土运输车辆上安装有源 RFID 电子标签以及车辆行车记录仪，开发包括申报、营运、RFID 电子标签、终端机管理、监管监控、统计、数据管理、结算、系统管理、车辆定位管理等功能模块的管理软件系统等。

项目的工程可行性和扩初设计的编制、评审工作已全部完成。其中建筑垃圾渣土车管理信息管理系统的建筑垃圾卸点付费管理系统，2009 年 7 月底开始试运行，到 10 月底，全市共有 14 个区的 20 家专营企业以及 5 家加盟企业的渣土车安装了电子标签，共计安装电子标签数 544 张，向 11 个区发放阅读器共计 36 台。其中卢湾和杨浦两区专门配备了管理、技术和操作人员，从事系统操作，已经累计采集车次数 74145 条，排除人为失误和管理不到位因素，系统的正确率为 100%。

案例 15：三维地理空间信息动态展示系统推广运用

"上海市绿化管理局三维地理空间信息动态展示系统"于 2009 年 6 月完成了开发、培训、使用、推广工作。该系统弥补了原有 GIS 系统对遥感图像操作的不足，以类似于 GOOGLE EARTH 的浏览方式，从用户角度出发，结合已有的遥感图像，能够更为直观地反映全市的绿化林业资源分布情况。系统除具有原有的放大、缩小、浏览等地图操作基本要素外，还可以选择不同的浏览载体，如模拟在飞机上的高空鸟瞰和汽车中的和移动视觉等，实现在不同视角下按特定路径进行浏览。同时，系统还提供了强大的规划功能。全市 19 个区县绿化林业管理部门用户可在特定区域进行绿地、林地规划，通过不同的种植树种搭配方案效果图的比较，确定最优的规划方案。

2. 民防监控和应急指挥信息化建设日趋完善

在民防演练和民防通信警报方面，"民防 –2009"演练和"9·19"全市防灾警报试鸣技术保障顺利完成，首次通过卫星通信网和公务网实现了部分区人口疏散演练现场图像的采集和传输，取得较好效果。

在地下空间管理信息系统建设方面，建成市民防地下空间视频监控中心（一期）。至此，主要市属民防工程的地下空间视频监控系统联网建设基本完成；地下工程综合信息库系统（二期）建设完成了数据库表空间设计，完成了公共基础设施、生产生活服务设施、轨道交通设施信息的数据结构设计，完善了系统的查询和统计功能等；启动宝山区地下空间网格化管理建设试点。

在指挥场所和指挥信息系统建设和管理方面，计算机指挥自动化系统进一步完善，全市16个区县的机动指挥所建设项目启动；重要经济目标综合信息库一级目标信息和数据采集入库完成，上海市应急避险和疏散安置场所普查软件开始开发编制，并在卢湾和闸北两区开展了试点工作。

在民防电子政务建设方面，对民防办机关所有计算机和涉密介质的安全保密自查和整改完成，并通过了保密局抽查检查；民防行政审批系统三期建设任务全面完成。此外，"车载系留气球监测系统"建设和"动中通"卫星通信系统建设两大重点项目也顺利通过验收。

案例16："车载系留气球监测系统"建设项目

经市发改委和市经信委批准、由市民防办组织实施的"车载系留气球监测系统"建设项目，是为世博安保提供高空视频监控和气象监测保障和服务的高科技示范项目。该项目于2009年初正式启动，年底完成了在安徽六安气球试飞基地组织的"车载系留气球监测系统"出厂验收。为了确保该系统的正常运行，上海市民防办会同世博局有关部门制定了气球施放实施计划和保障值勤方案，以保证实现"车载系留气球监测系统"于2010年3月底进入世博园区作业场地进行试运行和4月份正式启用。

案例17："动中通"卫星通信系统建设项目

"动中通"卫星通信系统建设项目是经市经信委和应急办审定的市民防办重点建设项目。该项目通过对现有通信警报车进行改造后安装车载动中通卫星通信设备，在民防指挥中心安装卫星地面小站，从而形成"动中通"与"静中通"（现有机动指挥车）相结合的民防卫星应急指挥通信网。2009年一季度完成了设备安装调试，4月份该系统分别在人民广场、新客站、陆家嘴和民防大厦周边地区进行了实地通信检验。此次通信检验，通过"动中通"系统将车辆行进中采集的现场图像传输至指挥中心，各项指标均达到建设要求。2009年4月10日项目竣工验收。目前，有关人员的操作培训也已全部完成。

3. 水务信息化逐步向大整合方向推进

在水务信息化软环境建设方面，颁布了《上海市水务局（上海市海洋局）计算机信息系统保密管理暂行办法》、《上海市水务局（上海市海洋局）计算机信息系统安全保密管理操作规程（暂行）》；信息化科研教育活动不断开展，"上海市数字水务综合信息平台"荣获"2009年度GIS最佳应用奖"，"水务公共信息平台关键技术及其应用研究"荣获"2009

年度大禹水利科学技术二等奖"。

在行业数据库建设方面，水利、供水、排水等行业基础数据库建设均取得阶段性成果，其中水利、排水行业数据库基本建成；供水行业基础数据库已经启动并完成基础性工作，对提升行业管理水平、增强公共服务能力发挥了积极作用，为在"十一五"期间完成水务三大行业数据库建设，实现管理的精细化、数字化奠定了基础。

在应用平台建设方面，苏州河综合管理信息系统圆满完成年度目标任务，基本构建了苏州河综合管理的信息平台；"数字水务"一期工程完成水务公共信息平台建设，搭建了水务数据中心和水务公共信息平台框架，接入整合了 17 个实时信息采集系统，建成了基于 WebGIS 的水务信息服务系统、防汛保安决策支持系统中监测监控子系统；供水行业郊区信息化平台建设，实现了与除崇明县外 7 个郊区供水企业调度系统的信息互联互通。

此外，行政许可网上办事系统建成运行；国家防汛抗旱指挥系统一期工程（上海部分）通过整体竣工验收；堤防运行巡查子系统建成验收，创建了堤防网格化（条段化）管理模式；水务执法管理系统建设取得新进展，对已建成的网络、数据、应用资源进行了有机整合。

案例 18："全球眼"防汛远程视频监控系统工程

金山区防汛指挥部办公室"全球眼"防汛远程视频监控系统工程启动。该系统由金山区域内的六个视频信息采集点和一个视频监控管理中心组成。六个视频信号采集点具体为：车客渡引桥中段潮位监控点、枫泾黄良甫水闸河道水位监控点、张泾河水利枢纽站河道水位监控点、朱泾掘石港大桥水位观测点、张堰镇板桥下水位观测点、金山嘴海塘潮位监控点。摄像机视频信号通过地埋电缆和视频光端机将视频信号传送到 DVR 和网络设备安装点，即由监控摄像机采集实时视频图像信息，通过专用光纤 MPLS VPN 线路接入电信全球眼视频监控平台。监控中心同样以 MPLS VPN 专用光纤接入电信全球眼视频监控平台，实现对采集点水情信息的监控。"全球眼"防汛远程视频监控系统建成后，金山区防汛指挥部监控管理中心可远程获得各监测点的水位、雨情、风情等实时图像信息，为防汛防台指挥决策及时提供依据，减轻辖区内自然灾害造成的损失。

案例 19：信息化为水闸现代化监控管理提供新方法

2009 年 10 月 20 日，宝山区水闸自动监控系统改造工程项目通过专家论证，正式启动项目建设。该项目将实现三个目标：一是在区海塘水闸管理所建立一个具有实时数据监测、远程控制、视频监视的水闸监控中心；二是实现区水闸监控中心与市级监控调度系统、区水务局信息指挥中心的互联互通、数据共享及水闸泵站联动运行，实现区域防汛排涝和水资源的统一调度管理；三是完成获泾水闸和杨盛河水闸的自动化监控改造。

该系统将对水闸的内外河水位、雨量、流量、闸门运行情况等实时监测监控，并结合天气预报、上游地区的行洪排涝等信息，形成水闸防汛排涝数据库。该项目通过信息化手段促进群闸群泵联动、预降河网水位、减轻防汛压力、科学合理调度，有效提升城市防汛和抵御自然灾害的能力，为水闸现代化监控管理注入新动力。

4. 环保在线监控持续完善

2009 年，上海市环保信息化建设加强了环保电子政务网络系统建设，加快了对各类环境数据的整合，促进环境管理信息化协同应用。在规划制定上，开展"上海市环境保护信息化建设总体框架研究"，形成了《上海市环境保护信息化建设 2009-2011 三年行动计划》，目前上海市环保局正以此计划为蓝本，积极推进"上海市环境保护局信息化能力建设"的项目建设。在数据资源建设上，启动"上海市全国第一次污染源普查数据分析和成果开发"项目，该项目旨在建立和健全各类重点污染源档案以及各级污染源信息数据库，为制定社会经济政策提供依据。在应用平台建设上，城镇污水处理厂在线监控信息平台开始建设，目前正进入试运行阶段。

四、政务领域信息化

2009 年，围绕转变政府职能、优化服务，深入推进电子政务建设（见图 3.3），主要体现在以下几个方面：

1. 电子政务基础网络框架日益完善，基础支撑体系更加完备

市政务外网基础网络实现与国家政务外网汇接，并基本覆盖市级委办局，并进一步向区县基层组织延伸；政务外网协同办事平台开始启用，网上行政审批平台逐步实现与市级部门业务系统和区县电子政务平台的对接，初步探索了各种审批业务和协同应用模式。

2. 政务信息化应用进一步向业务领域渗透，推动管理和服务模式创新

企业网上登记注册服务系统、企业质量档案系统等建成，显著提高了政府对企业的管理和服务水平，面向企事业单位的各类专项资金项目管理和服务平台陆续建成并投入使用；民政电子政务平台完成升级，进一步提高了民生服务质量和水平。

3. 电子政务服务渠道建设深入推进，为民服务渠道更加完善

以提升政府工作透明度、提高政府行政效能、深化为公众服务为目标，门户网站功能进一步提升，作为电子政务窗口和平台的效能日益显现；服务热线不断整合优化，形成了较完善的热线体系；政务信息查阅点建设不断完善，为市民就近查阅和获取信息提供了便利。

电子政务基础支撑体系

市政务外网应用支撑平台
——初步形成包含协同办事、互动服务、应用监管、统一数据交换、数字认证及支付的框架体系

网上行政审批平台
——正式启用，并逐步将相关审批业务纳入平台

市政务外网基础网络平台
——实现与国家政务外网的汇接，进一步向区县基层组织延伸

电子政务应用

面向企业的管理和服务信息化
——不断拓展深化，完成企业网上登记注册服务系统、企业质量档案系统、专项资金项目管理与服务平台等重要应用系统

面向民生的管理和服务信息化
——不断向集成化和协同化发展，重点完成民政、人口、计生等领域政务平台升级改造

电子政务服务渠道建设

门户网站
——积极推动政府信息公开、网上办事、便民服务、政民互动四大板块建设

公共服务热线
——不断优化，初步形成相对完善的服务热线体系

信息查阅点
——政府公开信息查阅点建设不断完善，并向基层延伸

注：图中深灰色■框内显示内容为2009年有重大成绩或突破的；图中浅灰色■框内显示内容为2009年持续推进的。

图 3.3 2009 年上海电子政务发展要点示意图

（一）电子政务支撑体系

1. 市政务外网基础网络平台不断完善，覆盖面日益广泛

市政务外网基础网络平台实现与国家政务外网的汇接；市级层面，市政务外网骨干网已接入市委、市政府、市人大、市政协、市高级法院、市检察院等1220多家市级单位；区县层面，市政务外网骨干网汇接18个区县政务外网，涵盖区县各委办局、乡镇及街道办事处，并逐步延伸到居委会、村委会和社区中心等基层组织，约有7200多个接入点，66000多台电脑终端。

2. 市政务外网应用支撑平台框架基本形成，支撑作用逐渐显现

市政务外网应用支撑平台以基本构建协同办事、互动服务、应用监管、统一数据交换、数字认证及支付等通用功能，对政务外网上运行的各类应用系统尤其是跨部门协同应用系统，提供基础支撑服务，支持多种办事模式，推动实现政府部门之间业务处理和对外服务的协同增效，以及政府业务的统一监管。

3. 网上行政审批平台启用，不断满足各种审批业务的需要

网上行政审批平台正式启用，并逐步实现与各市级部门相关业务系统和区县电子政务平台的对接，将更多的审批业务纳入平台。平台主要包括市级网上政务大厅、审批事项与目录管理服务系统、审批信息资源共享和分析系统、市级行政审批电子监察系统、市级电子签章及时间戳服务系统，不断满足各种审批业务模式和协同应用的需要。同时，行政审批平台提供的各类统计报告和数据挖掘服务，为各级领导全面掌握情况和决策提供支持。

案例 20："四位一体"行政审批服务平台开通运行

2009 年卢湾区并联审批、网上办事、综合协调、电子监察"四位一体"行政审批服务平台开通运行。该平台主要有四大亮点：一是建立了网上企业服务绿色通道，针对 18 个行业的不同特点开设行业指引专栏，按企业类型、职能部门等分类标准提供 85 个相关法律法规网上检索服务。二是再造"并联审批平台"，将多部门审批事项纳入并联审批平台，实现"信息网上抄送、部门并联审批"。三是创建"综合协调平台"，对疑难问题，由首先受理的前置审批部门通过服务平台发起综合协调申请。四是构建"电子监察平台"，设置预警纠错、绩效评估、投诉处理等功能，形成审批时效情况等 8 张实时状态监测表，对行政审批事前、事中、事后实施全程量化监督考核管理。平台建设成果得到市纪委、市审改办、市工商局领导的肯定，卢湾区被纳入上海市审改试点区县、市工商局审改试点支持区县。

案例 21：上海文广影视网上行政审批平台基本建成

2009 年，上海文广影视网上行政审批平台基本建成并投入使用。平台旨在运用电子政务手段，再造审批流程、缩减报批环节、加强监督机制，使上海市文广影视局、上海市文广影视局行政事务受理中心、18 个区县文化（广）局、18 个区县文化（广）局受理窗口（办事大厅）、上海文广影视行业中的大企事业（如上海文广集团、上海大剧院艺术中心等）突破时间和空间的限制，打破电子政务系统重复建设造成的信息壁垒、权力壁垒，形成一个整体面向社会及为公众提供人性化服务和有效管理的网上行政审批平台。该平台的主要特色功能体现在以下几个方面：

（1）通过政务外网，实现上海文广影视条线单位的互联互通，使得所有行业业务数据都可以在一个平台上安全传输及信息共享，而整个平台的数据中心搭建在上海市文广影视局本部，以便于政府对整个行业行政审批的实时监管和动态统计。

（2）针对业务往来频繁、资质较高的文广影视企事业单位开设了 VIP 通道，平台还将触角延伸到世博参展者服务大厅，上海市文广影视局受理点是世博大厅内唯一做到世博园区内演出申请当日受理登记、附件材料即时扫描上载，异地办公的上海市文广影视局行政事务受理中心、上海市文广影视局本部都可通过行政审批平台进行流转办理。

（3）将逐步形成一个知识库和案例系统，通过集中管理业务流转过程中的补正事业、黑名单的采集、业务备忘等信息，形成文广影视行政审批业务的知识库，供文广影视行业工作人员共享管理知识。

案例 22：浦东新区城建档案区域协同分级管理系统建成

浦东新区城建档案区域协同分级管理系统整合了文档一体化系统、城建档案 GIS、目录 GIS 等已有系统，构建浦东新区统一的档案目录体系和分层管理体系，实现新区档案的分级授权、定期维护、异地检索、全网共享。该系统建设内容主要包括三个方面：整合新区档案信息化应用成果（文档一体化、城建档案 GIS 和目录 GIS 等），形成单点登录、统一授权、功能应用整合的应用环境；建立新区统一的档案目录体系，实现分级管理（资源管理、业务管理、区域利用、系统管理）；对新区城建档案进行有关城市记忆的编研，建设历史地图、专题信息（行政区划、楼宇建筑、老地名、古树名木、老宅等）变迁等功能。

该系统的特点，一是将档案目录体系和建档单位目录体系相结合，建立全区统一的档案目录体系，既可检索某建筑物本身的档案目录，也可查询这栋建筑物内存放了哪些档案，还能快速找到某档案的存放单位和地点；既可检索建档单位所存放的城建档案，也可查看城建档案实体的具体存放单位，并实现了与各级单位（档案馆、功能区域、街镇、发改委等）文档一体化系统的档案目录数据的定期交换。二是实现了区域化档案利用的流程化管理，从档案利用的申请到一级单位的审核，再到档案所有者的审批，再到利用的回复和利用查看，对利用工作中涉及的利用登记、审批手续、检索、调卷、归还、利用情况统计等进行自动管理，自动统计可以实现对档案申请、利用等数据进行统计分析，以便对档案区域利用工作的状况进行评价。三是，实现了档案"城市记忆"编研利用，即通过建立"城市记忆"历史系列地图，设置档案检索热点，进行档案专题信息的快速检索，执行空间检索、分析与统计量化分析，并通过对历史地图的多种形式的展现（如幻灯片、翻书、动画播放等）实行城市的历史变迁的展示。

（二）电子政务应用

1. 面向企业的管理服务信息化进一步拓展深化

"企业网上登记注册服务系统（网上注册大厅）"建设完成。网上注册大厅整合改造了原有网上名称查询服务、网上年检、外资常驻代表机构网上登记等办事功能，增加了内资登记、拓展了外资登记等相关内容，使网上办事的业务更全面化、栏目更专业化、服务更智能化、个性化。该系统的建设加强了政府在互联网公众平台的服务功能，使企业足不出户就能完成注册登记，明显提升了政府的服务水平。

企业质量档案系统建成，提高了政府部门对企业的综合监管水平。企业质量档案系统主要实现了质量档案数据采集、质量档案填报、质量档案审核、质量档案查询、自定义查询等功能。系统从数据中心采集企业质量档案相关信息，生成企业质量档案初步信息。企业用户通过互联网，在采集到的企业质量档案初步信息基础上完善、填报数据，并提交系统内网用户（区县局或市局工作人员）进行审核。通过企业质量档案系统的建设，实现了对企业质量档案数据进行管理、统计和分析，方便各级监管部门根据质量档案提供的信息进行监督管理。目前，通过企业质量档案系统已向国家质检总局上报了4 116家企业的质量档案。

2. 面向市民的信息化应用向集成化、协同化方向发展

上海民政电子政务平台在第一期（2006–2007年）、第二期（2007–2008年）建设的基础上，2009年重点开展了政务平台的升级工作，主要包括门户软硬件和公文流转、邮件、统一认证、信息发布等系统的升级，以及局长视图的开发建设、门户页面的改版等，进一步提升了平台的稳定性、安全性和应用性，初步形成集成化的协同办公平台。通过统一信息发布系统升级，实现了信息发布的流程控制和信息发布的逐层审批功能，增加了区县级用户信息发布的功能，并提供视频发布和管理功能以及统一公告平台，实现门户应用与业务系统公告信息的共享；通过统一用户管理系统升级，进一步加强和优化了统一用户管理功能，增加了业务条线的管理和业务系统子模块的功能，增加开户、销户的审批流程，并提供业务系统接入的标准接口，同时结合民政局CA系统及统一认证系统，实现了民政局用户身份的强认证。

案例23：电子政务应用推进权力公开透明运行

浦东新区环保市容局在2008年行政许可网上运行成功试点工作基础上，进一步开展行政处罚网上运行试点工作，建设覆盖全局各行业行政处罚事项的网上运行管理系统。2009年5月，顺利完成行政处罚网上运行管理系统建设并上线运行。行政处罚网上运行管理系统覆盖城管、环保、市政、绿化等行业的公用燃气、环境污染、自然保护区、林业检疫等 1 293 项行政处罚事项,实现行政处罚网上办公、网上监督、网上公开、规范裁量、法律法规库、查询统计、数据交换等功能。

通过该系统,网上办公实现简易程序上网备案、一般程序行政处罚事项从立案到归档的全过程 100％ 的网上运转,处罚的相关资料全部以电子文档方式实现网络流转,实现全覆盖、全过程的行政处罚网上办公;网上监管实现了运行状态"看得见",即行政处罚办案过程、文书制作等详细信息,依据权限对各级管理和监管部门即时动态地透明可见;行政运行"管得住",即实现对处罚时效、处罚资金、案件执行等重要或异常情况的监管;百姓声音"听得到",即通过确立统一的电话号码和网上投诉渠道,落实具体的受理和监督部门,接受百姓、社会和媒体等对行政机关的行政处罚行为的投诉、举报等;网上公开遵循"过程对内、听证告知、结果在外"的公开原则,通过"浦东环境"、"新区权力公开透明运行专网"等互联网站对行政处罚的听证告知和结果公示;数据交换实现与局电子政务协同办公平台、新区权力公开运行网、新区电子监察系统等之间的数据传输与交换。

(三)电子政务服务渠道

1. 以迎世博为契机,门户网站服务水平迈上新台阶

"中国上海"门户网站以迎接 2010 年世博会召开为契机,积极推动政府信息公开、网上办事、便民服务、政民互动四大板块建设,稳步落实在线受理、状态查询、结果反馈三大环节。同时,为方便盲人以及弱视人群获取信息,启动了网站无障碍改造工作,积极打造为民服务平台,发挥了电子政务窗口和平台的作用。门户网站全年点击数 29 亿次,同比增长 22.4％;首页总访问人次 2 208.2 万,日均 6.1 万,比上年增长 28％;页面总访问量 4 亿页次,日均 110.2 万,比上年增长 36.8％。集聚全市政府部门网上办事、服务项目总计 1 869 项,其中可在线受理的行政许可审批、非行政许可审批等各类网上办事 1 162 项、办事状态实时查询 1 010 项、结果反馈 1 138 项,各类办事服务表格 985 项计 2 324 张,其他可供查询的各类信息 437 项。

2. 服务热线不断优化,提高了政务相关信息服务的有效性

上海市已拥有 12333、12319、12320、12315、12356、962121 等多个专业咨询热线电话,成为政府信息公开的重要渠道之一。2009 年,12315 消费者申(投)诉举报热线完成投诉处理系统升级改造,将原先互联网和业务专网通过数据交互实现投诉受理、分派、处理、反馈的业务流程整体移植到互联网平台,减少中间环节,提高投诉处理的效率。

12348 法律咨询专线制订了"七要"文明服务规范，并进行了系统升级，更换原有的老旧设备，提高了网络带宽，对原有的功能进行优化升级，提高了接答效率；升级以后的"12348"专线，为群众提供了更为高效、便捷的法律咨询途径；全年共接答法律咨询118 154 件，其中占前 3 位的分别是婚姻家庭、劳动争议和房产纠纷问题。

12333 劳动保障咨询热线电话全年接听市民来电近 1 800 万个，日均接听来电近 5 万个，方便人民群众的知情知政。12355 上海青少年公共服务平台与盛大网络、51.com 等社会知名网站加强了合作，扩大共青团在互联网上的影响力。不少"三公部门"还依托政府热线，积极构建"网、电、信、访"一体化的信息公开协同平台，建立健全信息公开民意反馈机制，及时掌握群众的动态需求，努力提高信息公开的有效性和针对性，取得了较好的社会效益。

3. 信息查阅点不断完善，为市民获取信息提供了便利

上海图书馆、各区县图书馆、部分社区行政事务中心作为主动公开政府信息查阅点，为市民查阅和获取信息提供了便利。为方便公众就近获取政府信息，政府信息公开进一步向基层延伸，如：青浦区实行"六个一"标准，高起点、规范化建设社区信息公开服务示范点。市档案馆外滩新馆汇集了 60 个市级机关主动公开的政府信息，纸质全文 23 222 件、纸质目录 25 222 条、电子目录 37 237 条、电子全文 33 962 件；2009 年市档案馆外滩新馆接待公众查阅政府公开信息 908 人次、借阅文件 2 545 件。

专题一 信息化与工业化融合

（一）概述

2009 年，在工业和信息化部的牵头推进下，我国信息化与工业化融合（以下简称"两化融合"）工作取得积极成效，上海、重庆、内蒙古呼包鄂、珠三角、广州、南京、青岛、唐山暨曹妃甸共 8 个地区列为国家"两化融合"试验区。

上海作为国家"两化融合"试验区，2009 年发布《上海市人民政府批转关于推进信息与工业化融合促进产业能级提升实施意见》等政策性文件，制定《上海市推进信息化与工业化融合行动计划（2009-2011 年）》，明确推进"两化融合"的思路、目标、重点产业领域、重点专项工程及保障措施，基本完成"两化融合"总体规划。2009 年，上海"两化融合"发展水平指数达到 69.5。

（二）重点发展领域

目前，"两化融合"还处于总体规划和初步实施阶段，面对未来"两化融合"的进一步广泛应用，有必要对未来"两化融合"趋势有一个总体把握。首先，"两化融合"范围将进一步扩大。随着工业领域对信息技术的价值认识越来越深刻，"两化融合"范围将扩大到 IT 密集度比较低的工业门类。其次，"两化融合"将进一步深化。目前"两化融合"主要体现在 ERP, CRM, SCM 等管理软件在工业企业的应用，随着企业对信息化的需求越来越明确，"两化融合"在工业领域的应用将越来越深入。第三，企业将在"两化融合"中起主导作用。在"两化融合"初期，主要依靠政府部门来推进，随着企业对信息化的认识程度的提高，"两化融合"给企业带来经济效益的提升，企业自主开展信息化建设，成为"两化融合"的主体。第四，公共平台建设将成为推进"两化融合"的重要手段。企业的"两化融合"应用存在一些共性的东西，这些共性东西需要由政府部门、行业协会或第三方公司提供。在"两化融合"初期，公共平台建设可以由政府主导，随着"两化融合"的深入，公共平台建设应该以市场为主导。

根据《关于推进信息化与工业化融合促进产业能级提升的实施意见》，"两化融合"重点发展领域主要有：

工业领域"两化融合"。全面推广信息技术在重点行业应用，如跨地域协同制造、全流程业务监控等信息技术在钢铁、石化、汽车等产业应用；分类推进企业信息化建设，鼓励行业龙头企业参与制定行业信息化标准，鼓励大型企业推广信息系统的应用，为中小企业建立和完善信息化公共服务平台；提高工业产品的信息技术含量和附加值，为自主研发和产业化提供信息技术支撑；推广信息技术在节能减排中的应用。

服务业领域"两化融合"。推进金融服务业信息化，为金融市场体系建设、金融机构业务发展、金融创新先行先试和完善金融发展环境提供支撑；结合国际航运中心建设，推进航运服务和物流业信息化；大力发展电子商务，拓展 B2B、B2C 等模式在工业企业的应用，推进生产性服务业信息化。

电子信息产业和新兴产业领域"两化融合"。以"两化融合"为契机，大力发展电子信息产业和相关新兴产业，重点实施"电子强市计划"、"软件振兴计划"、"新兴产业扶持计划"。

此外，上海将实施以"1010 工程"为主要内容的"两化融合"推进策略，即聚焦航空、钢铁、石化、汽车、装备、船舶、信息、消费品、现代物流、生产性服务业 10 个重点产业门类，推进工业软件振兴工程、节能控制与综合利用工程、中小企业信息化应用推广工程、"两化融合"示范园区引导工程、公共服务平台支撑工程、电子商务扶持引导工程、信息基础设施能级提升工程、政府监管服务信息化工程、信息安全保障工程、"两化融合"专业人才培训工程 10 大重点工程。

（三）重点应用环节

目前,全市各重点企业都在结合自身特点开展"两化融合"推进工作,主要从研发设计、技术创新、管理创新等方面开展实施工作。

1. 研发设计

处于产品生命周期最前端的"研发设计"无疑是"两化融合"的重要切入点。建立数字化研发设计环境,实现研发设计信息化,将有助于提升研发设计工业能力水平,促进我国工业产品自主创新能力的增强。

工业产品研发设计信息化有助于提升企业设计能力、效率与创新能力。通过信息化的设计手段和工具,建立面向产品研发的数字化集成环境,实现产品设计数据、技术状态、工程变更及研制过程的集成管理和状态控制,提高产品的研制设计能力。通过数字化的辅助设计工具,实现业务流程无缝连接,建立集成、并行、虚拟、协同的产品研发开发网络,有效整合了跨区域、跨企业、跨行业的研发设计资源,提高研发设计的效率。工业产品研发设计信息化实现了在虚拟环境中进行协同设计、优化分析,增强了产品功能、性能及可加工性,大大降低了企业的研发风险,增强了企业的产品更新换代能力,提升了产品设计创新能力。

2. 技术创新

信息化有力推动企业技术创新,鼓励企业使用新技术、新工艺、新材料、新设备,是调整产业产品结构、提高企业竞争力的有效途径。现代信息技术逐渐应用于企业生产的各个环节,用先进的技术、先进的工艺和装备改造和代替落后的技术、落后的工艺和装备,达到研发新产品、提高产品质量、节能减排、降低材耗、提高生产效率、实现提高企业经济效益的目的。为提升工业行业信息化应用水平,上海组织实施了一批重大工业技术改造项目,实现研发设计、运营管理、财务管理、市场营销、人力资源开发等领域的信息化应用,发展应用信息技术、工业软件、行业解决方案,为技术创新改造提供信息化支撑。

上海已初步进入后工业化阶段,但是目前上海工业仍面临着资源能源消耗高、环境污染重、投入产出率低等挑战,需要利用信息技术实现节能减排,推动企业实现绿色制造。石油、化工、钢铁等行业是典型的高能耗、高污染行业,是节能减排的重点领域,从目前情况看，生产制造过程节能减排的任务依然严峻。利用信息技术促进企业绿色制造,实现生产制造过程节能减排是目前"两化融合"推进过程中一个重要的切入点。目前,上海石化、宝钢集团等高耗能企业正在利用信息技术实现节能减排,不断探索出节能减排新路子。

3. 管理创新

"两化融合"在企业层面上，体现在企业生产、运营、管理、服务与决策的信息化,核心业务的数字化、网络化、自动化、智能化,进一步优化销售、研发、生产、运营与决策等核心流程。上海紧密结合现代管理模式全面推进企业信息化建设,在各业务领域实现信息化应用,打造敏捷、高效的内部价值链,促进资源的优化整合与有效利用,增强企业的盈利能力;在企业生产、经营、管理、决策等个层次推广应用企业资源规划（ERP）,实现产品数据管理、供应链管理、客户关系管理、生产管理、财务管理、决策支持等信息化管理。

案例24：上汽集团信息化助资源整合和业务协同

上汽集团始终将信息化建设融入研发、制造、采购、质保、物流、销售、售后等各个环节,创造性地将先进的信息技术与传统制造技术、工程技术、办公自动化相结合,实现了数据的一致性、及时性、完整性、安全性和准确性。2009年,以支持资源整合、业务协同、业务流程集成为目标,自主研发了一套统一的、支持异地多平台生产的、涵盖产品全生命周期的工程管理系统GBOM（Global BOM）系统;为推进上海汽车乘用车公司上南两大基地业务运作和质量管理体系建设,完成南京浦口基地的信息系统项目,从系统层面上实现了公司跨地域价值链上的工程、物流、制造、采购、财务、营销等业务流程的优化和整合。年底,浦口发动机厂的制造执行系统（Power Train MES, PTMES）也顺利完成,有效提升了企业动态应变市场的能力和国际竞争力。

案例25：上海石化推进信息化与生产经营管理的深度结合

2009年,上海石化不断推进信息化与生产经营管理紧密结合,在企业经营管理、业务流程优化、生产过程控制等领域,拓展信息技术应用的广度和深度。通过加强信息化深化应用责任体系建设,确保信息系统应用的标准化和规范化;通过挖掘系统功能,拓展应用领域,提升应用绩效;通过企业资源计划（ERP）应用保标和生产执行系统（MES）项目实施,优化业务流程,提升管理绩效;通过推进先进控制系统的长周期稳定运行,进一步降低装置能耗,提升经济效益。信息化为公司强化管理、加快发展调整提供了有力支撑。

（四）推进成效

1."两化融合"推进机制基本建立

在组织领导方面，市经济和信息化委员会落实分管领导，组建了 21 个处室为成员的工作小组，确定了分工任务和联络员。市级相关部门明确了两化融合相关知识产权管理、科技创新、国有企业信息化应用推广、标准规范制定等方面的任务，形成了市级部门合力推进的工作格局；在产学研机制方面，建立研究中心和重点试验室的有机互动、资源互补的合作模式，一方面促进了科技成果产业化，帮助工业企业提高了研发创新能力，另一方面产业一线的实践为高校学科和专业建设、教学与科研水平提高提供了强大动力。

2."两化融合"对产业能级提升的促进作用初步显现

2009 年全年，以信息技术为主要支撑的新能源、民用航空制造业、先进重大装备以及软件和信息服务业等高新技术产业规模达到 7365 亿元，同比增长 13% 以上。通过支持重点项目，采取分类推进的手段，带动信息技术在企业研发、生产、管理和市场流通等各个环节深入应用，树立了一批典型标杆的同时，提升了企业整体竞争力，促进产业可持续发展。如航空产业，处于战略布局阶段，重点放在总体规划和机制建立；钢铁产业，抓住行业龙头企业，重点建设跨地域、多制造基地协同管理平台；汽车产业，以提升新能源汽车产业和自主品牌汽车研制为重点，加快信息技术的应用推广；石化产业，将信息化与装备管理、过程控制融合，提高了生产效率和质量安全管控水平，节能减排成效明显。

3."两化融合"对产业结构优化升级的助推作用不断增强

2009 年，全市总集成总承包、研发设计、商务服务等生产性服务业实现营业收入 3350 亿元，比上年增长 5% 以上。以软件、互联网服务业为重点的信息服务业，创意产业等新兴产业发展迅速，涌现了一批从生产型制造向服务型制造转型发展的典型企业。如上海三菱电梯构建了覆盖电梯安装、保养、服务全过程的信息系统，实现了每年 3 万多台电梯安装以及 6 万多台电梯保养过程管理的电子化；自主开发的远程监视和急修服务系统，建立了全国范围的电梯远程故障监控、急修保养管理、专家远程诊断支持平台，进一步提高服务质量和效率的同时，有效控制了投入成本，促进了三菱服务产业的发展。

专题二 信息资源开发利用

（一）信息资源开发利用概述

上海政务信息资源开发框架基本形成，基础性信息资源逐步丰富，交换基础设施建设处于探索阶段，部分领域实现跨部门共享交换。信息资源社会化开发利用薄弱，相关机制的缺失是制约应用协同和信息共享交换的关键因素。

在政务信息资源开发利用方面，上海着力推进基础数据库、政务信息资源目录体系和交换体系建设。按照"一数一源，一源多用"原则，人口、法人及空间地理三个全市基础数据库建设和利用稳步推进。在自然人领域，初步形成了覆盖 1 403 万户籍人口、809 万来沪人员和 32 万境外人员信息的市、区（县）两级人口基础数据库；当前，正在加快建设覆盖户籍、外来、境外等全人口基础信息的实有人口数据库。在法人领域，建成了覆盖全市 70 多万户企业、含 53 项基础信息的企业基础信息库及数据交换平台，实现了工商、税务、质监等部门相关信息的交换与共享，企业基础信息基本实现"一次输入，多次使用"和"一局变动，多局联动"；当前正在加快建设涵盖各类企业、事业单位、社会团体和其他市场主体的法人基础数据库，信息类型包括登记类、资质类、监管类等法人信息。在空间地理领域，初步建成由数字地形图、数字化遥感影像图组成的基础地理空间数据库，并以此为依托逐步形成服务不同对象的工作版本、专业版本、社会版本，供不同类型的用户使用；地理空间数据库实现从地上向地下的延伸，建设上海地下空间信息基础平台，点上突破汇聚地下综合管线、地下构筑物和地质等三大类信息；当前，正在规划基于全市统一空间参考系的上海城市建设领域地理空间信息共享交换平台和面向公众的空间地理信息公共服务平台。在政务信息资源目录和交换体系建设上，按照政务信息资源共享的基础支撑体系要求，开展了有益的探索并取得初步成效，选择了部分试点单位开展政务信息资源目录体系试点和全市公文类政府信息目录备案工作。在政府信息公开上，按照"以公开为原则、不公开为例外"的要求，进一步深化公开信息内容、拓展信息公开渠道、加强长效机制建设和基础性工作的探索，推动政府信息公开逐步成为全市各部门的一项基础性常态工作。

在信息资源公益性开发利用方面，诚信领域，依托个人和企业联合征信系统，探索形成了区域性社会征信体系框架和社会信用服务体系，信用信息的共享与使用逐步向城市交通、食品药品、住房管理等社会各领域渗透，道德信用与资产信用的界定等方面的法规和标准有待进一步完善；教育领域，构筑了较为完善的教育资源库建设和应用体系，上海终身教育平台服务内容不断丰富，对教育科研水平的提升和市民终身学习形成有力支撑；文化领域，形成了以文化信息资源共享工程和重要数据库为依托的文化信息资源开发利用格局；医疗卫生领域，医联工程等信息化建设取得积极进展，为医疗卫生信息资源的共享与交换提供基础支撑，在市民健康档案等领域进行了有益的探索。

（二）政务信息资源开发利用

1. 人口基础信息库基本建成，覆盖范围逐步扩大

（1）概况

人口基础信息库以政务网为依托，以公安人口信息为基础，包含市人口和计划生育、市人力资源和社会保障、民政、教育、税务、统计等各委办局与人口相关的信息资源，通过市级顶层数据交换平台，实现各委办局之间相关人口信息的交换、共享以及透明传输，形成全市人口信息的良性循环与积累。通过人口综合应用系统，实现对实有人口信息的统计分析，为政府决策、社会管理和民生保障提供全市人口统一视图。

上海自 2004 年 3 月成为国家人口基础信息共享试点以来，人口基础信息库建设不断完善，覆盖范围逐步扩大。截至 2009 底，全市已有 17 个区县建成自然人基础数据库，开发了基于自然人基础库的综合应用系统，初步实现了与公安、民政、劳动、计生等部门的信息共享和更新维护机制。

（2）目录和资源共享体系

人口信息资源目录是根据统一的标准和规范，按照人口信息资源或其他分类方式，对资源核心元数据和交换服务核心元数据进行排列生成。资源目录管理架构包括三个角色和六项活动：三个角色是目录内容提供者、信息资源目录中心、目录内容使用者。六项活动包括规划、编目、注册、发布、维护、查询。

上海按照《上海市实有人口信息管理系统（二期）数据交换规范》的规定，积极推进各部门与人口基础信息库的数据交换和共享工作。市人口计生委、市教委、市人保局、市民政局、市房管局和市公安局等 6 家单位以数码介质方式报送有关人口信息业务数据，已导入实有人口信息管理系统，市工商局法人库相关数据也已导入实有人口信息管理系统。2009 年，在卢湾、虹口、宝山、嘉定等区就实有人口基础数据与区（县）政府共享进行了试点，为区（县）政府运用"两个实有"全覆盖数据信息进行了探索。

（3）主要成效

实有人口信息管理系统的建立和普遍应用，基本实现基础信息一次采集、多次使用，一部门采集、多部门使用，把全市涉及人口的相关信息管理连接在一起，提高了人口信息的利用效率和各部门有针对性地进行人口管理的信息支撑能力，有利于加强政府监管能力，提高工作效率和质量，降低行政管理成本同时，为公众获取与人有关的各种信息服务提供了更加便利的条件。

实有人口基础信息库的建立，对促进和带动一批与之相关的应用系统的建设和发展有积极作用。随着人口基础信息库共享的不断深入和完善，政府和社会有关部门将逐步在实有人口基础信息库上开展新的应用。

2. 法人信息库框架基本形成，信息资源不断丰富

（1）概况

"上海企业基础信息共享与应用系统"基本实现企业基础信息的"一次输入、多方使用"和企业信息变更的"一局变更、多局联动"，确保了企业基础信息的准确、完整、一致。

在日常运维管理上，自系统投入运行以来，各有关部门按照共享要求提供信息，并积极开展了内部业务信息系统的调整优化，部分部门实现了与交换平台的动态实时连接。在数据库持续优化上，2006 年对共享信息内容及数据流程又做了进一步对照梳理，研究确定了系统建设调整方案，使共享企业基础信息达到 53 项（其中工商部门提供 23 项、税务部门提供 20 项、质监部门提供 10 项），并根据新增信息的实际应用需求，设计、增加相应的数据流程。

2009 年，在国家确定的电子政务建设总体框架下，结合上海市法人领域信息资源利用的建设要求，遵循国家对基础信息数据项"基础性、普遍性、标识性、稳定性"的基本要求，建立法人领域信息资源的信息交换和共享机制，建设信息共享、标准统一、安全可靠的上海市法人信息共享与应用系统。系统在现有的企业基础信息共享基础上，将范围扩大到包括事业单位、社会组织、其他法人等。通过对法人基础信息的充分共享，能够使各部门及时、准确、全面地掌握法人基础信息，提高工作效率，并为法人基础信息的进一步应用做准备。

（2）主要成效

截至 2009 年底，上海市企业基础信息库中以组织机构代码为基础索引，已存有全市 70 多万户企业的 53 项基础信息。上海市企业基础信息共享与应用系统运行以来，市工商局共向信息交换平台发送企业信息 1 699 463 条，市质量技监局发送企业信息 851 361 条，市税务局发送企业信息 566 619 条。

初步形成了部门间信息及时交换与共享的工作机制，有效提高了政府部门联合监管的能力。通过历史数据比对，各部门对比对不一致的数据进行了全面核查和分析，针对突出的问题，有力彻查、处理了一批漏管、违法企业。同时，由于系统实现了企业工商注册、质监组织机构代码申领、税务登记相关的新增、变更、注（吊）销、年检以及非正常户认定等企业信息在各部门间的及时共享，为各部门实施行政执法、鉴别伪造证书、判断企业的合法性，加强市场监管提供了有力的支撑手段，大大提高了各部门及时堵塞监管漏洞的能力，特别是提高了税务部门监管漏征户的能力，有效减少了税收漏管户和企业偷逃税现象的发生。

企业基础信息共享促进了政府部门办事流程优化，提高了服务效率。基于企业基础信息共享与应用，相关政府部门对企业新增、变更、年检、注（吊）销等流程进行了重组优化，实现了企业新增信息的"一次输入，多方使用"，以及变更信息的"一局变更，多局联动"，确保企业基础信息的准确、完整、一致。截至 2009 年底，全市已约有 52.8 万户新增企业通过新流程实现了工商注册、质监组织机构代码申领和税务登记，企业注册开业的信息填报量大为减少，避免了原先重复填报和输入的不合理情况，各部门面向企业的服务水平得到了明显提高。

3. 空间地理信息资源建设深入推进，共享框架逐步形成

（1）概况

上海空间地理信息化建设自 2002 年启动以来，已经初步建成由数字地形图、数字化遥感影像图组成的基础地理空间数据库，以及规划局、统计局、房地局、民防办、市政局、水务局、建交委、公安局、经信委、外经委等各自专业的空间数据成果库。

上海空间地理信息资源建设已形成以专业版、社会版、工作版为核心的工作框架。专业版各政府部门在建，社会版已委托上海城地公司与测绘院联合共建，工作版的试点建设（空间信息网格实用型系统 SIGSH）已取得初步成果，实现建交委跨行业互联互通、资源共享；已经连接 5 家局级单位，共享空间地理数据 64 项，其中基础数据 34 项，专业数据 30 项，涉及水务、绿化、环保和交通领域。

（2）系统（平台）建设

据不完全统计，全市目前已经有 100 多个不同规模的 GIS 管理和服务系统，其中市级部门 13 个，徐汇、静安、宝山、嘉定、普陀、青浦、黄浦、浦东 8 个区县均已建成区级空间地理信息基础平台，城市排水、电力、电信、燃气等公用行业均已建设相应的业务 GIS 应用系统，以 GIS 为基础的重大跨部门公共服务平台也纷纷建成或启动，如城市网格化管理平台、智能交通综合信息平台、地下空间信息基础平台。

建成上海地下空间信息基础平台一期，搭建了平台运行实体的基本框架，构建了地下空间信息基础平台的数据库，汇聚了地下综合管线、地下构筑物和地质等三大类信息，实现了相关行业、专业之间数据交换和共享，并建立了针对数据建设和应用的标准规范，使地下空间数据都有一个比较统一的规范要求，能向各类用户提供综合信息服务及咨询，对于上海地下空间的规划、建设、管理和城市防灾具有重要的支撑作用。通过项目实施，上海地下空间信息基础平台已经汇聚有长宁、黄浦两个区的地下管线数据，黄浦区、长宁区（部分区域）地下构筑物数据，以及全市比较宏观的地质数据。

（3）共享机制建设

实施上海城市建设地理信息系统共享交换平台研究，通过对上海城市建设领域地理空间信息共享交换研究工作，研究制定高端有调度力的共享交换平台的建设方案，以及包括组织架构、运行体系与机制、共享政策等的运行保障体系。深入探索有效推动跨行业、跨部门地理空间信息在线交换、共享和应用的方式方法，推进上海城市地理空间信息共享交换工作，满足上海国民经济和社会发展对基础地理空间信息和共享交换服务的需要。徐汇区通过对空间地理信息的梳理，对空间地理信息资源进行标准化定义，确定了符合国家标准的空间地理信息资源元数据方案，基本完成徐汇区空间地理信息资源的公开属性审核工作，并探索了基于目录体系的信息资源共享和交换工作。

4. 政府信息公开

2009年，市级和区县各级政府部门按照"以公开为原则、不公开为例外"的要求，以深化信息公开内容为核心，进一步拓宽公开渠道，民众的知情权、参与权和监督权得到切实的保障。

（1）深化公开内容、扩大公开范围

2009年4月，全市召开推进政府信息公开工作电视电话会议，提出将深化公开内容作为核心环节，把公开透明的要求贯穿于公共权力、公共资金、公共资源运行的各环节、全过程；同时市政府下发《关于进一步加强政府信息公开工作的若干意见》，以深化公开内容为核心，提出6大类30条109项工作任务，并逐一明确责任部门和工作要求。

围绕群众关心、社会关注的重点领域，政府信息公开范围逐步拓宽。以财政资金和社会公共资金为重点，着力提高资金公开透明度；积极推动行政审批公开透明；加大政策公开力度，主动向社会征求经济适用房、居住证转户籍等重大政策的意见；同时加大了公共服务类信息公开的力度。教育、卫生等8个公共服务行业信息公开进一步规范化、制度化，高校信息公开试点工作率先启动，价格、资质、监管、交通等公共服务类信息逐步向社会公开。

截至 2009 年底，上海市累计主动公开政府信息近 50 万条，全文电子化率达 95%；全年新增主动公开政府信息 82 714 条，全文电子化率达 97.5%，向社会各界提供服务类信息 1 136 279 条，有效满足了群众对政府信息的需求。

（2）不断优化公开服务渠道

2009 年，政府信息公开服务渠道进一步提升和优化。政府网站充分发挥了第一平台作用，畅通网上访谈渠道，增强政民互动。"中国上海"门户网站全年举办领导视频访谈节目 22 期，最高峰在线网民约 3.7 万人。

政府信息公开进一步向基层延伸。黄浦、松江等区依托社区现有资源和设施，为公众就近获取政府信息提供便利。青浦区实行"六个一"标准，高起点、规范化建设社区信息公开服务示范点。

不断创新公开载体，优化公开方式。市人力资源社会保障局与新华社《手机报》联手推出每周一期的"就业加油站"，为公众提供就业创业指导服务。卢湾、杨浦、闸北等区进一步将信息公开要求纳入动迁工作。如卢湾区建国东路动迁基地设立电子信息查询系统，全面公开动迁政策及动迁居民的房屋、人口、补偿安置款和签约等情况。

其他渠道建设方面，如通过实名制"市民信箱"为市民免费发送政府公报、政策法规、人事任免等政府信息和个人医疗保险、住房公积金、养老保险信息、交通违法信息以及公用事业缴费账单等便民信息，广大人民群众获取政府信息更加方便快捷。

（3）推动信息公开标准化和规范化建设

进一步规范公文类信息备案管理，严格信息发布协调、保密审查等程序，逐步实现对全市、区县、乡镇三级政府机关公文的分布式公开属性审核和集中式备案管理。完善信息公开目录指南编制、年报编制发布、工作统计等配套基础性制度，进一步规范信息公开工作，确保政府信息公开工作落到实处，确保群众及时、准确的获取政府信息。

（三）信息资源公益性开发利用

1. 信用信息资源开发利用

（1）信用信息资源总量不断增加，区域性社会征信体系框架日趋完善

上海信用信息资源的开发利用主要是依托个人和企业联合征信系统进行的。

个人信用信息方面，截至 2009 年底，上海市个人信用联合征信系统已拥有超过 1 109 万人的信用信息，包括个人基本身份信息，商业银行各类消费信贷申请与还款记录，可透支信用卡的申请、透支和还款记录，移动通信协议用户缴费记录，公用事业缴费记录，上海市高院经济纠纷判决记录，交通违法处罚记录以及执业注册会计师和保险营销代理

人的执业操守记录。联通了所有中、外资银行 1 000 多个信用报告查询网点，设立了 3 个面向广大市民的个人信用报告查询窗口，累计提供信用报告 911 万份。目前，个人征信业务又进一步向外资银行及非银行领域拓展，与典当、担保、租赁等机构开展了合作，进入了一个全新的发展阶段。

企业信用信息方面，工商、质量、财税、食品药品、物价、劳动保障、房地、城市交通、环境保护等各市场监管和社会管理部门普遍建立了基于业务需要的管理对象信用信息数据库，相关部门的信息库叠加在一起，覆盖了市场主体成立、存续、消亡全程的信用信息记录机制。截至 2009 年底，上海企业征信系统已采集了上海 147 万家企业的信用信息，包括企业注册信息、年检等级、产品达标信息、税务等级信息、国有资产绩效考评信息、进出口报关记录、信贷融资记录和行业统计分析信息等。

（2）探索形成了社会信用服务体系，信用信息的共享与使用逐步向社会各领域渗透

在个人联合征信数据库和企业联合征信数据库的支撑下，上海形成了以个人信用报告、个人信用评分服务、个人数据增值服务、企业信用报告、企业资信评级、企业专项评估、贷款资金监管、企业信用咨询等服务为主的服务体系。在高新技术企业认定及复评、商品房预售许可、物业管理企业资质升级等资质认定环节，在信息化发展项目资助、小企业贷款担保、财政贴息、外贸发展资金申请、科技发展基金申请等政策扶持环节，在政府采购、建筑工程招投标、国有资产转让、土地使用权出让等环节，在劳动保障诚信单位创建、"满意物业"创建、诚信示范商业街诚信企业测评等荣誉评定环节，在公务员招录及考核、事业单位人员招录等人才事务环节，信用产品得到广泛应用。

2009 年，上海个人信用联合征信系统覆盖人数达 1 100 万人，出具个人信用报告 911 万份，个人信用产品使用量达到 1 071.5 万份。上海市个人和企业信用联合征信系统与央行征信系统形成紧密合作态势，联合征信系统今后将成为人行征信系统采集上海非银行信用信息的接口、上海获取人行征信系统信用信息的通道。信用信息的共享与交换在城市交通、食品药品、住房管理等领域稳步推进。

在食品药品领域，2009 年市食品药品监管局与市征信办形成了信用信息共享合作备忘录，明确将市食品药品监管局认定具有严重违法行为的企业及其相关责任人员信息向市联合征信系统披露；在住房管理领域，违法搭建建筑物、拒绝缴纳专项维修资金、欠缴物业服务费、以群租方式出租房屋等 6 项经房地部门认定的违法违规行为记录纳入市个人信用联合征信系统；在公用事业管理领域，市水、电、煤、电信等公共事业单位与联合征信系统的信息共享机制逐步完善，联合征信系统及征信服务对用户窃电、恶意欠缴电费和恶意欠缴电信费用等行为形成了有效的防范和规制。

案例 26：信用信息在食品药品、公共事业管理领域的共享与使用

在食品药品领域，2009 年 3 月市征信办与市食品药品监管局共同开展的食品药品监管领域信用信息共享、信用制度创新方面的课题结题。在此基础上，市食品药品监管局颁布实施了《上海市食品药品严重违法企业与相关责任人员重点监管及其名单管理办法（试行）》，并在 2009 年 10 月 23 日与市征信办形成了信用信息共享合作备忘录。双方明确将市食品药品监管局认定具有严重违法行为的企业及其相关责任人员信息向市联合征信系统披露。

2009 年 3 月，市经信委牵头并组织协调，市电力公司、上资信、市征信办共同成立专题项目组，对如何利用联合征信系统及征信服务防范用户窃电、恶意欠缴电费等行为进行了研究和梳理，形成了《上海市联合征信系统采集上海市电力公司用户窃电信息可行性研究报告》；6 月 12 日，上海市电力公司与上海资信有限公司就电力用户窃电、恶意欠费等不良信用信息采集事宜签订了合作框架协议：上海资信有限公司将采集上海市电力公司用户窃电信息并及时、准确地录入上海市个人和企业信用联合征信系统数据库；8 月，形成了有关采集电费欠费信息的补充协议。2009 年 10 月 27 日，中国电信上海公司与上海资信有限公司就电信公司用户恶意欠费信息的采集和征信服务合作签订合作协议，协议约定：上海电信将经诉讼并判决后的欠费案件信息、拒不执行法院判决的欠费个人／企业用户的相关信用信息，按照约定的信息标准格式在每个月的前 10 日内提供给上海资信有限公司，上海电信对其所提供信息的合法性、真实性、准确性和客观性负责。

在其他领域，《持有上海市居住证人员申办本市常住户口试行办法》（沪府发 [2009]7号）制定了"申请人要无治安处罚以上违法犯罪记录及其他方面的不良行为记录"，"持证人员和单位应书面承诺所提供证明材料的真实性，严禁弄虚作假。一旦发现虚假或伪造，取消其再申请资格，并记入社会征信体系"等条款；《上海市经济适用住房管理试行办法》（沪府发 [2009]29 号）监督管理条款中嵌入了虚假申请的个人和出具虚假证明主体的不良信用记录纳入上海市个人和企业信用联合征信系统的制度安排；与市建交委、市贷款道路建设车辆通行费征收办合作，探索将欠缴车辆通行费的信息向市联合征信系统披露。

2. 教育信息资源开发利用

（1）上海教育资源库建成并投入使用，教育信息资源开发利用体系不断完善

上海教育资源库建设工程以"校长管理的参谋，教师教学的助手，学生学习的工具和终身教育的课堂"为目标，历时四年建设完成。上海教育资源库建设主要分为资源、软件、基础架构、应用推广、机制研究和科学管理等六个层面，形成了较为完善的资源库建设体系。在资源建设方面，建有 4T 的教育资源，包括学前教育、基础教育、职业教

育、高等教育、继续教育、社区教育、党员教育等。在软硬件平台建设方面，面向教师的教学应用，上海教育资源库构建了大型教育知识管理系统，形成一套完整的资源制作、管理、应用、交流和服务的体系化支撑平台。

（2）依托教育资源库的支撑，形成了集资源库、学习门户、学习平台和支持中心建设为一体的终身教育平台

上海终身教育平台是由一个终身教育资源库、一个学习门户、四个学习平台和五个支持中心组成，形成了"多模式、广覆盖"的数字化终身学习平台框架。终身教育资源库是在上海教育资源库基础上扩展建立起来的。上海终身教育平台首期资源建设中，充分利用已有基础，联合社会各方力量，整合形成千门课程，覆盖学前教育、基础教育、职业教育、高等教育、社区教育、党员教育等领域，教育资源包括了美国哈佛大学、上海交通大学、BBC 等高端课程资源。

在学习门户建设上，目前上海终身教育平台学习门户对外名称为上海终身学习网，对已有各种学习网络、学习系统和学习资源进行统一融合，便于市民通过统一界面访问各种内容，学习门户主要栏目包括基础教育、职业教育、高等教育、终身教育等，其中终身教育包括道德修养、公民意识、家庭教育、法律维权、语言文学、信息技术等近 20 个版块，同时学习门户提供了社区学院子网站公共服务和已有平台无缝连接，实现信息上通下达。

在学习平台建设上，互联网学习平台正在开展 40 万市民注册和社区教育系统规模化培训工作；卫星学习平台每天向 230 个社区接收点进行 8 小时教育节目播放，播出近 400 个小时的社区教育资源，促进了社区教育的发展；数字电视学习平台已建成上万个终端站点，发布了上千小时的课件资源，初步建成上海党员干部现代远程教育网络体系。

（3）建设教委内部信息资源库，加强教育系统信息资源的开发利用

为了更好地组织机关内部的各类资源，形成知识积累，市教委自 2008 年 12 月起建设了 5 个资源库系统，分别为政务信息资源库、业务信息资源库、处室信息资源库、教育信息资料库和多媒体资源库。政务信息资源库和业务信息资源库包括了教委机关日常行政及业务工作所形成的各种资源，目前共有资源 10 317 条；处室信息资源库涵盖了教委共 22 个处室，由各处室自行维护，主要提供各处室日常工作中积累的各种资源及处室工作动态，目前共有信息 21 729 条；教育信息资料库主要提供各地教育资料及教育报纸杂志的征订信息，目前共有信息 2 274 条；多媒体资源库主要提供教委重大活动的照片资源，可供归档使用，目前共有照片信息 10 类，22 条。

依托机关内网资源库的数据积累，市教委于 2008 年在"上海教育"门户网站上开设

了"上海教育办公网络"系统，供区县、高校、直属单位与教委进行网上信息交互，目前共与区县、高校及直属单位交换电子公文800余条，发送会议通知200余条，其他信息交换400余条。同时，市教委9种信息载体"每周教育信息"、"上海市教育委员会简报"、"教育参考"、"上海教育工作"、"规范教育收费简报"、"上海市推进学习型社会建设指导委员会简报"、"上海教育督导简报"、"政风行风建设工作情况简报"及"上海语言文字工作委员会简报"也通过这一系统向区县、高校及直属单位发布。目前共发布载体信息493条。

3. 文化信息资源开发利用

（1）依托"文化信息资源共享工程"，加快文化信息资源的积累

近年来，上海加强"共享工程"上海数字文化网主站点建设，做到"三快"：资源下载快、资源转换快、资源更新快。至2008年底，提供了适合互联网流媒体视频点播的数字视频资源1 911部（集）、288GB，"共享工程"上海本地资源库的规模已经超过10TB；"上图讲座"大型多媒体资源库建设和服务已成规模，总共开放的网上讲座有510个，超过885小时的音频和视频资源，全年网站访问量突破200万；上交国家建设管理中心"共享工程"数字化讲座52个，计4 370分钟，157.67GB的容量。

（2）上海重大文化活动信息库建设完成，为重大文化活动的管理提供有效的信息支撑

2009年，上海重大文化活动信息库建设完成，该数据库除了记录上海市重大文化活动举办情况（以及重大文化活动专项经费运作的实际情况）外，同时还建立了活动库、文化节目库、艺术人才库、艺术团体库、文件库五个子数据库，所有相关信息都以多媒体形式忠实还原体现。除了以文字、数字形式记载外，还配以大量的影像资料，从而为重大文化活动的评估总结工作提供了翔实、具体的信息化支持。目前，信息库建设运行良好，到达了预期效果，为上海市重大文化活动的管理工作提供了有效的信息支撑。

（3）加快推广应用，逐步实现群众文化艺术档案由实体管理向数字化管理的飞跃

上海社会文化艺术档案数据库由社会文化艺术档案数据库总库和社会文化艺术档案数据库分库两部分组成。总库由上海市文化艺术档案馆管理，分库由所在的区县文化馆艺术档案管理与形成。两库通过WEB界面实现艺术档案资源的数字化录入、管理、统计和浏览，并且以联网自动同步或手工拷贝方式交换艺术档案信息。达到分库与总库之间的资源交换，实现群众文化艺术档案资源的"物理分散，逻辑集中，异端服务，网络共享"。上海社会文化艺术档案数据库的建立，填补了群众文化艺术活动资源数字化管理工作的空白点，统一和规范了上海地区群众文化艺术档案资源积累的科学性和实践性，提

升了艺术档案管理工作的科技含量。数据库已在上海市 18 个区县文化馆推广应用，逐步实现群众文化艺术档案由实体管理向数字化管理的飞跃。

4. 医疗卫生信息资源开发利用

（1）医疗卫生领域信息化建设取得积极进展，为医疗卫生信息资源的共享与交换提供基础支撑

上海医疗卫生领域信息化建设取得了积极的进展。医院信息系统（HIS）建设基本普及，临床管理信息系统（CIS）建设逐步推行，社区医疗卫生服务体系初步完善，市民健康档案纳入计划并进行了试点建设。从信息化发展阶段看，上海医疗卫生信息化基本越过了第一阶段即以医院管理信息化（HIS）为主要任务的阶段，普遍处于临床管理信息化的发展阶段，以医联工程为代表的第二阶段即区域卫生服务系统建设也开始起步。

（2）医疗卫生信息开发利用取得局部性进展，统一的卫生信息共享与交换平台亟须建立

近年，上海在医疗卫生信息资源开发利用领域取得了局部性的进展，医联工程有序推进，市民健康档案在部分区县进行试点。推进了覆盖 23 家市级医院、6 家分院，接入 104 个专业信息系统的医联工程建设，实现数据提交、校验、归集和实时调阅功能，为市民提供查阅各类医疗服务资源、医疗咨询、就诊预约信息、检验检查报告和病案资料查询等信息服务功能。截至 2009 年 8 月，发放 90 万张 23 家医院通用的医联卡；为 1 100 万患者建立了诊疗档案，其中社保患者 425 万；可调阅诊疗记录达到 4 000 万个，处方明细 1.6 亿条，病案 82 万份，检验报告 1 500 万张，检查报告 150 万张；闸北区构建了区域居民健康管理平台，近 5 万份居民电子健康档案在动态运行，为全面建设居民电子健康档案和医疗信息共享积累了宝贵的试点经验，并被确定为全国"合作共建统一居民健康档案示范区"。

第四章

世博信息化

第四章 世博信息化

一、概述

2009 年是上海世博会信息化建设的冲刺阶段。随着世博会日益临近，世博信息化建设重点也从基础设施建设向应用系统开发以及信息安全保障转移（见图 4.1）。2009 年世博园区信息化建设呈现以下几方面特征：

1. 信息基础设施建设基本完成，进入完善提升阶段

加快推进无线世博建设，实现无线网络全覆盖，世博无线官网开通，无线视频监控技术广泛应用，助力世博安保；800 兆集群政务共网成为世博会期间调度通信专网，为 2010 年世博会提供指挥调度通信服务；世博园区内无线电技术基础设施的总体布局规划完成，确定了 4+1+1 的监测网架构。

2. 世博信息化应用全面展开

40 余套世博配套信息系统陆续建成并投入使用，城管执法系统完善项目有序开展；无线宽带、Web3D、RFID、智能视频、智能导航等前沿信息技术全面投入世博园区应用；世博宣传信息化广泛渗透，全球新媒体世博报道正式启动，配合绿色世博宣传的"上海环境"英文网站上线，市新闻出版局政务网站世博专栏建设全面推进。

3. 世博安保信息化建设持续完善

全面推进图像监控系统建设，提升世博信息安全监控能级；浦东新区对原有公安指挥通信系统进行升级改造，并建设世博前沿指挥平台；无线电管理专项执法力度加大，在技术基础设施方面构筑起"水、陆、空"三维立体架构，技术支撑水平显著提高。

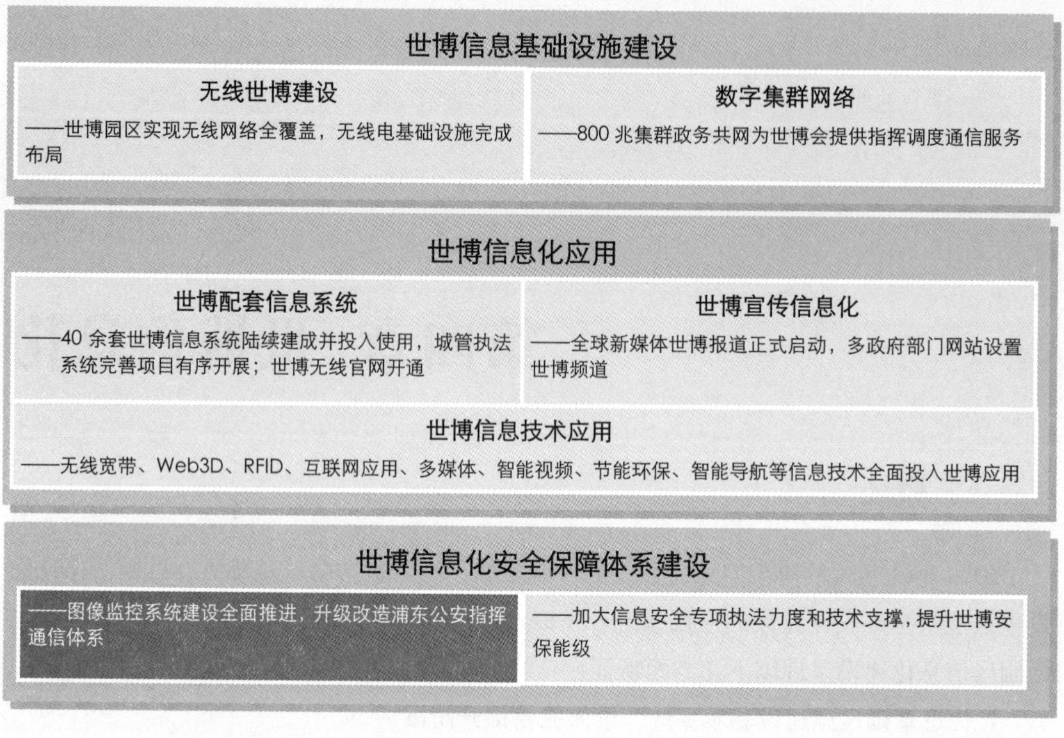

世博信息基础设施建设	
无线世博建设 ——世博园区实现无线网络全覆盖，无线电基础设施完成布局	**数字集群网络** ——800兆集群政务共网为世博会提供指挥调度通信服务

世博信息化应用	
世博配套信息系统 ——40余套世博信息系统陆续建成并投入使用，城管执法系统完善项目有序开展；世博无线官网开通	**世博宣传信息化** ——全球新媒体世博报道正式启动，多政府部门网站设置世博频道
世博信息技术应用 ——无线宽带、Web3D、RFID、互联网应用、多媒体、智能视频、节能环保、智能导航等信息技术全面投入世博应用	

世博信息化安全保障体系建设	
——图像监控系统建设全面推进，升级改造浦东公安指挥通信体系	——加大信息安全专项执法力度和技术支撑，提升世博安保能级

注：图中深灰色■框内显示内容为2009年有重大成绩或突破的；图中浅灰色■框内显示内容为2009年持续推进的。

图 4.1 2009 年上海世博信息化建设要点示意图

二、世博园信息基础设施

世博园信息基础设施建设是世博各项信息化应用的关键。2009 年世博园区内信息管线铺设、室内覆盖、通信局房、汇聚机房等信息基础建设已接近尾声，世博园区信息基础设施建设进入了完善阶段。

（一）无线世博建设

采用 3G+WLAN 的方式，实现无处不在的无线网络覆盖。目前，已经实现世博园区 TD 网络 100% 完全覆盖。上海移动以每天 80 万人次的峰值量实现对世博园区的无线网络覆盖，完全满足预计通话峰值量需求，确保在世博园区内任何时间、任何方位都不会出现移动通信故障。多制式、无缝全覆盖的无线通信网，将为世博会带来精彩应用体验。

（二）数字集群网络

2009 年初， 800 兆集群政务共网定为世博会期间调度通信专网。在 2009 年 7 月 5 日迎世博 300 天倒计系列活动中，上海电信正式向世博局交付 37 台集群终端，这标志着 800 兆政务共网正式为 2010 年世博会提供指挥调度通信服务。10 月 12 日，800 兆政务共网业务正式进入世博参展者服务大厅开展业务受理，并先后为上汽通用馆、铁路馆、航天馆等用户制定了通信服务方案。800 兆集群政务共网的服务能力已得到有效验证，压力测试显示最忙时 800M 数字集群的呼叫次数达到近 15000 次，系统利用率不到 1/4，该系统完全能应对通信高峰、突发紧急情况下的更大规模应用需求。

（三）无线电技术基础设施

世博园区内无线电技术基础设施的总体布局规划完成，确定了"4+1+1"的监测网架构，即以 4 个固定监测站为主，1 个大型工作站，1 艘水上监测船为辅的监测网络。目前园区内的四个固定监测站已全部建设完成并启用，全天候对重要频段实施保护性监测；水上监测船已完成前期的设备安装调试及试运行，并于 2009 年 5 月 26 日完成了世博园区浦江段的水上监测首航，填补了世博园区无线电监测网络的盲点，为世博无线电安全保障构筑了一个"水陆对接"的基础设施体系。

三、世博信息化应用

2009 年世博园区各信息化应用系统进一步完善，开发建设的 40 余套信息系统基本建成并将陆续投入使用，前沿信息技术得到了广泛应用。

（一）世博管理和服务信息系统建设

2009 年，世博管理和服务信息系统陆续建成并投入使用，基本形成数字化的综合运行管理体系，为世博运营、大型活动管理提供信息化支撑和服务。包括参展者服务、参观者服务、志愿者管理、网上世博会、票务管理等信息系统在内的全部 40 余套信息系统将在 2010 年一季度全面建成并投入使用。如：世博会网络培训平台建设完成，通过电子化培训教学实现对 50 万世博志愿者与世博工作人员的培训工作信息化管理，截至 2009

年10月底已完成14万人次的培训，在宣传世博、支持世博中创造了较好的社会效益；世博局"协同办公与信息管理系统"（即"世博OA系统"，含十多个子系统），通过世博局的评测，结束历时近一年的试运行进入正式运行阶段；世博参观者预约、园区信息发布、游客引导、世博场馆弱电等项目进入项目实施阶段。国产化是世博信息化系统建设的一大亮点。如，特大型活动的信息化管理系统，完全由国内自主研发、建设和保障；园区能源与环境监测信息系统所使用的操作系统、数据库、GIS、中间件等全部为自主知识产权的国产软件产品。

世博无线官网开通，为世博提供全方位信息播报。上海世博会无线官方网站 wap.expo2010china.com 已经正式开通，全球手机用户可以通过手机登录该网站，浏览世博概况、世博新闻、热点活动、园区场馆等内容，学习世博知识，了解世博历史。目前，世博无线官网涵盖世博新闻、热点活动、园区场馆、海宝学堂等九大栏目。后期，该网站还将推出交通地图查询、餐饮酒店指南、气象预告等服务。

（二）世博信息技术应用

无线视频监控技术广泛应用。世博园区广泛应用了基于TD-SCDMA网络的无线移动视频监控技术，该技术充分利用移动无线网络覆盖范围广的优势，几乎不受区域限制，世博相关指挥中心可以通过移动视频监控业务平台，甚至手机等移动终端进行在线监控浏览，随时随地对整个世博园区进行远程视频监控和管理。

前沿信息技术在世博园区得到了广泛的应用。世博园区采用WIFI+MASH技术，保证无线宽带信号的广覆盖和高速传输，同时在园区内建成TD-LTE的试验网络，可体验TD-SCDMA的演进技术；RFID技术广泛应用于世博门票、物流、展馆预约等领域，充分展现了信息技术带来的便捷服务；Web3D技术在网上世博会上得到广泛应用，将世博会以三维游园的形式搬到网上，并借助网络平台向全世界进行展示；基于CDN技术和SOA架构技术的网上世博会基本建设完成，将成为世博会历史上的一项创新，网上世博会能够保障海量的流媒体数据流畅的通过互联网呈现给全世界；虚拟技术应用全面推进，如虚拟仿真、动漫制作、全景图像拼接等技术，成为演绎展馆主题、实现网上世博会情景互动的重要技术手段；智能视频技术大量应用于世博会的客流引导、车载系留气球、视频监控等系统，有效提升信息系统的服务能级和响应速率；基于节能环保信息技术的园区能源与环境监测信息系统建设稳步推进，对园区的能源、用能、可再生能源进行管理，能够及时反映世博园区的节能减排实况；智能导航技术全面应用于园区内的车辆和工作人员。

（三）世博宣传信息化

全球新媒体世博报道正式启动。在 IPTV、手机等新媒体平台上，利用最新的互动电视技术制作和传播 2010 年上海世博会的相关视听内容。百视通、文广互动、东方龙作为"中国 2010 年上海世博会合作媒体"，将为全球新媒体提供世博资讯。上海世博会将首次采用电视、电脑、手机三屏联动的方式进行世博相关内容的视频传播，传播内容将同时在 IPTV、互联网、手机电视等多个媒体平台上播出。届时，无论身处何方，都可以通过电视、互联网、手机等多个媒体终端及时获取上海世博会的相关视听内容，并参与互动。

配合 2010 年上海绿色世博主题宣传，市环保局对"上海环境"英文网站进行改版并于 2009 年 6 月上线。新版英文网站提高了信息更新力度和频度，除提供空气质量分区日报、上海环境公报、法律法规和标准、公告通知等实时资讯外，还突出报道了上海"6·5"世界环境日系列宣传活动、绿色世博、环保三年行动计划、节能减排、空气质量控制和噪声管理等重点工作的进展情况。

市新闻出版局政务网站世博专栏建设全面推进，新增了迎世博专题。网页分为七大模块："迎世博图书出版工程"、"迎世博印刷质量工程"、"迎世博窗口服务"、"迎世博报刊质量工程"、"迎世博版权净化工程"、"迎世博进口印刷品及音像制品管理工程"及"综合信息"。

四、世博信息安全保障体系

2009 年世博信息化安全保障体系进一步得到完善。一方面加大硬件设施的建设力度，夯实了安全保障条件；另一方面加强专项执法力度和技术支撑能力，提升了世博安保综合实力，为成功举办"平安世博"打下坚实的基础。

结合世博安保工作需求，2009 年浦东新区全面推进图像监控系统建设。共建设世博图像监控项目、高清视频监控卡口系统、浦东城市图像监控三期和浦东轨道 6 号线光缆及沿线监控四个项目。系统建成后，全面提升网格化监控与管理水平，为世博会期间的安全提供有力保障。

加大信息安全专项执法力度和技术支撑，提升世博安保能级。自 2009 年开始，上海市无线电管理局组织开展了"迎世博、保安全"无线电专项行政执法系列活动，包括迎世博倒计时 300 天、200 天、100 天的阶段性专项执法和黄浦江水上专项执法。按军地世博无线电联合保障的要求，商办全军电磁频谱及民航华东地区管理局对监测飞机进行部署，进一步提升应对低慢小及民航导航和地空通信安全等方面的基础设施防范能级，最终在技术基础设施方面构筑起"水、陆、空"三维立体的架构。

案例 27：世博会交通服务信息工程建成并投入运行

上海世博会交通服务信息工程建成并投入试运行。工程主要包括交通综合信息平台、世博交通信息服务应用平台和世博园区交通信息子平台。其中，平台面向社会公众，重点支撑上海世博交通网、世博交通指南、收听收看广播电视、世博交通咨询热线、可变信息标志、手机和车载终端、自助查询宾馆触摸屏等 7 种交通信息人性化服务方式，为世博游客和市民提供了出行路径和方式的规划，并在出行中快速了解掌握实时的世博交通、世博园区客流信息，确保中外宾客安全、便捷抵离世博园区。

第五章

软件和信息服务业

第五章 软件和信息服务业

一、概述

2009 年，面对国内外经济形势波动、国际金融危机等不利局面，上海信息服务业以高新技术产业化为契机，不断推动结构调整和自主创新，积极拓展国内外市场，克服多重困难与挑战，化解各种问题与矛盾，行业经济运行总体保持了稳定较快增长。总体呈现以下几方面特点：

1. 产业发展呈现前低后高走势

2009 年上半年，上海信息服务业的增速呈小幅回落态势，二季度到达最低值（比上年同期增长 14.6%）。进入第三季度后，随着国家、上海相关政策效应的日益显现，产业增速一路上升。至第四季度，上海信息服务业经营收入比上年同期增长 20.2%，比上半年提高 5.6 个百分点，比第三季度提高 2.8 个百分点。

2. 产业集聚效应日益凸显

中心城区是上海信息服务业发展的主要区域，其中浦东、徐汇和长宁三区的经营收入位列前三位，三区的经营收入之和占全市的比重达到 70%。在软件产业方面，产业基地和产业园区建设进一步深化，1 个国家级软件产业基地、1 个国家级软件出口基地和 7 个市级软件产业基地集聚了全市 60% 的软件企业。2009 年超亿元软件企业的经营收入在全市软件产业经营收入的比重超过 60%，利润的比重更是达到了 80% 以上。

3. 新模式、新业态推动产业发展

新模式、新业态的出现，在技术、市场等方面为上海信息服务业创造新的发展空间，促进产业快速发展。如在金融信息服务业领域，上海不仅拥有新华 08、东方财富网、万得资讯等金融信息服务提供商，而且国内知名的第三方支付平台公司也纷纷集聚于此，共同服务上海金融中心建设。

4. 创新能力持续增强

上海国产基础软件产品研发及产业化取得进展，产品质量和性能明显提升，在钢铁、石化、船舶、汽车等重点行业领域得到了较好应用。适应行业特点、技术先进的工业软件和行业解决方案不断推出和应用，为推进信息化与工业化融合提供了有力支撑；国产动漫游戏软件快速发展，繁荣丰富了文化产业。

5. 企业融资、重组活动日益频繁

2009 年是上海信息服务业行业融资、重组动作最大的一年。一方面这是信息服务业企业自身发展、不断壮大的需要，另一方面全球金融危机为大中型信息服务业企业提供了兼并重组的便利条件。如盛大网络分拆盛大游戏上市、入主华友世纪等，打造"互动娱乐帝国"；巨人网络实施"赢在巨人"计划，吸引创业团队加入，促进业务发展。

二、发展状况

2009 年，上海信息服务业实现经营收入 2108.11 亿元，比上年同期增长 20.2%。增加值 768.48 亿元，比上年同期增长达到 12.8%。占第三产业比重达到 8.7%，占全市国内生产总值的比重达到 5.2%。截至 2009 年底，有规模以上信息服务企业 3 800 家，从业人员达到 29.3 万，其中 2009 年经营收入超亿元企业（以下简称"超亿元企业"）达到 158 家（不包括信息传输服务企业），在海内外上市的企业累计达到 22 家（见图 5.1~ 图 5.3 和表 5.1）。

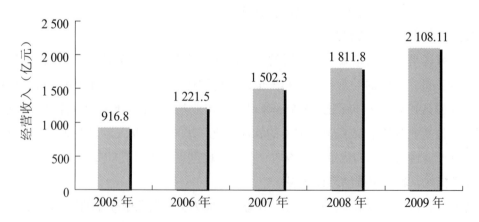

图 5.1 2005–2009 年上海信息服务业经营收入

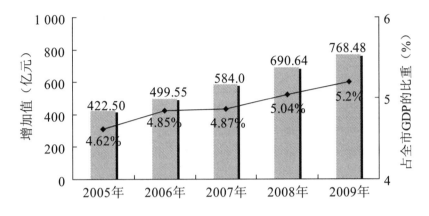

图 5.2 2005–2009 年上海信息服务业增加值

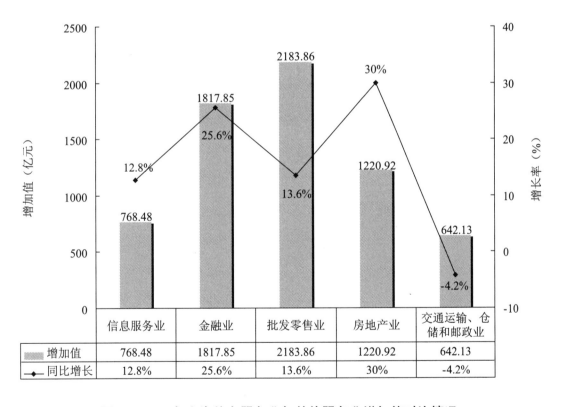

	信息服务业	金融业	批发零售业	房地产业	交通运输、仓储和邮政业
增加值	768.48	1817.85	2183.86	1220.92	642.13
同比增长	12.8%	25.6%	13.6%	30%	-4.2%

图 5.3 2009 年上海信息服务业与其他服务业增加值对比情况

表 5.1 上市信息服务业企业情况（截至 2009 年）

企业名称	上市地点	注册地	企业名称	上市地点	注册地
巨人网络	纽约证交所	徐汇区	百 度	美国纳斯达克	浦东新区
分众传媒	美国纳斯达克	长宁区	携 程	美国纳斯达克	浦东新区
盛大网络	美国纳斯达克	浦东新区	第九城市	美国纳斯达克	浦东新区
前程无忧	美国纳斯达克	浦东新区	展讯通信	美国纳斯达克	浦东新区
掌上灵通	美国纳斯达克	嘉定区	龙旗控股	新加坡证交所主板	徐汇区
晨讯科技	香港主板	长宁区	复旦微电子	香港证交所创业板	杨浦区
交大慧谷	香港证交所创业板	徐汇区	方正科技	上海证交所	静安区
宝信软件	上海证交所	浦东新区	复旦复华	上海证交所	浦东新区
华东电脑	上海证交所	黄浦区	海得控制	深圳证交所	浦东新区
海隆软件	深圳证交所	徐汇区	延华智能	深圳证交所	普陀区
网宿科技	深圳创业板	嘉定区	克而瑞	美国纳斯达克	闸北区

三、软件产业

2009 年，上海软件产业运营呈平稳增长态势，实现经营收入 1 206.19 亿元，比上年同期增长 20%（见图 5.4）。全年新增认定软件企业 308 家，登记软件产品 2 567 个。从业人员 21.8 万人。

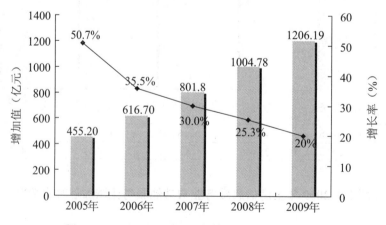

图 5.4 2005~2009 年上海软件产业经营收入

企业实力日益增强。2009 年,通过 CMM/CMMI 3 级以上国际认证的企业达到 113 家,较 2008 年底增加 6 家。其中 5 级的 14 家、4 级的 8 家。有 172 家企业获得计算机信息系统资质认证,较 2008 年底增加 3 家,其中一级的 11 家,二级的 24 家。经营收入超亿元软件企业 135 家,其中经营收入超 10 亿元的软件企业 13 家,超千人软件企业 16 家。全市共有八家软件企业被评为中国软件收入百强企业,比 2008 年多 2 家;共有 27 家软件企业被列为 2009 年国家规划布局内的重点软件企业,全国排名第 2。

行业结构不断优化。软件产品收入 375.13 亿元,占软件产业总收入的 31.1%;系统集成收入 218.3 亿元,占总收入的 18.2%;软件技术服务收入 307.6 亿元,占总收入的 25.5%,较 2008 年底下降了 0.1 个百分点(见图 5.5)。软件产品、系统集成和软件技术服务收入占营业收入的比重达到 74.8%,比 2008 年底提高了 6 个百分点。

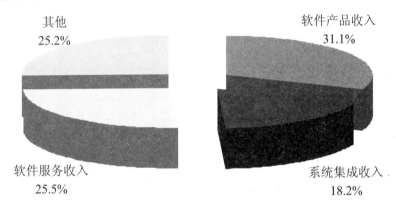

图 5.5 2009 年上海软件产业经营收入构成情况

企业利润增速平稳。2009 年,上海软件产业实现利润总额 169.2 亿元,比上年同期增长 18.1%,占经营收入的比重为 14%。行业盈利明显向优势企业集中,超亿元企业的利润占到整个软件产业利润 80% 以上。

软件出口稳步增长。2009 年,上海软件出口 9.33 亿美元(不包含嵌入式软件出口),比去年同期增长 23.3%,增幅比软件产业经营收入高 3.3 个百分点。出口主要面向日本、美国、新加坡等 45 个国家和地区。上海软件出口基本上实现了从单纯的低端开发向高端的、自主知识产权产品和技术的转变,涌现出了一批龙头出口软件企业。

四、互联网服务业

2009 年,上海互联网服务业实现经营收入 268.1 亿元,比上年同期增长 46.1%,增速高于整个信息服务业 25.9 个百分点，是信息服务业中发展最快的细分领域之一。上海互联网服务业一方面加速对传统产业的渗透和改造，开拓新的发展空间；另一方面自身不断创新，孕育发展新的商业模式和商业形态。

1. 网络游戏

上海网络游戏产业占据全国的半壁江山。2009 年盛大、巨人、九城、久游和完美世界这五家网络游戏企业全年实现经营收入 60.5 亿元。

2. 网络视听

上海集聚了一批行业领先企业，如视频分享行业的土豆网，P2P 流媒体行业的 PPLive、PPStream，视频门户网站激动网和手机电视行业的东方龙新媒体。截至 2009 年底，上海企业已获得 19 张的互联网视听节目服务许可证牌照。

五、环境建设

（一）积极优化产业发展环境

软件和信息服务业发展政策支撑体系更加完善。制定发布了《上海推进软件和信息服务业高新技术产业化行动方案（2009–2012 年）》；起草实施了 8 个重点领域高新技术产业化专项工作方案及工业软件、基础软件振兴工作计划；形成了《关于鼓励上海信息服务业发展的若干政策》的征求意见稿；建立了重点项目跟踪制度，组建了项目储备库。

行业标准规范体系建立力度加大。完成世博信息化软件质量控制等市级地方标准。完成软件产品质量测试。建立工业软件公共测试与验证平台、市软件测试公共服务平台、世博会信息化软件质量联合实验室。

产业跟踪和扶持能力逐步提高。结合国内外产业发展趋势、行业热点等，积极挖掘培育新业态、突破创新关键技术、提升发展优势产业、完善公共服务体系、探索高新技术产业化统计体系等。2009 年共有 66 个信息服务业项目得到了高新技术产业化专项资金、软件和集成电路产业发展专项资金的支持。

（二）科学推动产业布局

建设高新技术产业化基地。支持区县建设软件和信息服务业高新技术产业化基地，完成徐汇、长宁、杨浦、宝山、青浦、浦东、闸北的基地建设申报备案。

支持专业性产业基地建设。支持争取国家级网络视听产业基地落户上海，推动建设中国电信全国视讯、中国移动视频等视听产业基地。促进张江国家数字出版产业基地建设，推动建立数字阅读器产业链。协调推进建设上海市信息服务外包总部基地。

（三）有效提升产业影响力

举办"2009上海推进软件和信息服务业高新技术产业化活动周"，涵盖12项专题活动。借助《解放日报》、《文汇报》等权威传统媒体和东方网等新兴媒体，对软件和信息服务业重点领域开展连续性、针对性宣传报道。指导举办2009年上海国际信息服务外包交易峰会、2009中国青少年数字创意行动、2009年E人大赛等。

第六章

信息化环境

第六章 信息化环境

一、概述

信息化环境是信息化建设与发展的重要基础，良好的环境有利于信息化建设的推进和应用效果的发挥。信息化环境主要包括信息安全、信息化政策法规、信息化人才、信息化组织、社会诚信体系等方面。2009 年，上海信息化环境持续优化（见图 6.1），主要体现在以下几个方面：

1. 机构改革为信息化发展提供了更好的组织保障

市区两级信息化推进部门的调整，为深入推进信息化，尤其是"两化融合"的发展和信息产业的发展提供了更科学有效的组织保障。

2. 信息安全基础设施能级不断提升，信息安全保障和服务能力持续增强

信息安全测评认证中心和上海市数字证书认证中心能级得到较大幅度提升，等级保护、应急预案及演练等安全管理工作稳步推进，信息安全协调管理机制不断完善，信息安全保障工作有序推进，圆满完成国庆 60 周年信息安全保障。

3. 信息化立法孕育突破，"两化融合"相关政策法规制定工作成为新热点

《上海市中小企业发展促进条例（草案）》《上海市计算机信息系统突发事件处置办法（草案）》等初步形成，正积极筹划进入相关程序；15 项"两化融合"政策法规课题已经全面启动。

4. 信息化人才工作稳步向前推进

"653"工程有序推进，信息技术人才知识更新体系不断完善，2009 年完成 45 门课程开发，培训种类专业技术人员达 1.2 万人次。"653 工程"工作体系进一步完善，信息专业技术人才知识更新综合服务平台功能不断加强。

5. 政府诚信建设推动社会整体诚信体系建设稳步发展

2009 年，多个区政府部门率先在使用信用产品、使用信用报告、进行公务员诚信建设等方面取得显著成效。企业公共信用信息服务平台建设、诚信企业评估和管理等活动，推动全市企业诚信度进一步提升。

组织体制建设

——市区两级信息化推进机构完成调整优化

信息安全

信息安全服务	**信息安全保障**
——对全市城域骨干网安全运行状况进行 7×24 的安全事件监测，完成对本市 102 个重要信息系统的安全测评，上海信息化服务热线（9682000）全年正常运作	——国庆 60 周年信息安全保障顺利完成，世博会信息安全保障工作持续推进

信息安全基础设施

——信息安全测评认证中心完成改造升级；数字证书认证中心再次对根认证体系进行改造

信息化政策法规

立法工作

——持续推进地方性法规立法、市政府规章立法和行业领域立法

基础调研	**执法监督与行政执法**
——开展《上海市计算机信息系统突发事件处置办法》等立法调研，开展"长三角"信息化政策法规联动机制研究	——加大对行政执法工作的审查和监督力度，重点推进《上海市促进电子商务发展规定》贯彻实施

信息化人才

"653 工程"

——围绕课程开发、服务平台完善、人才培训等领域加快推进

社会诚信体系建设

政府诚信	**企业诚信**
——率先推动政府部门诚信建设，营造诚信氛围	——稳步推进企业诚信建设，提高企业诚信
商贸诚信	**诚信宣传教育**
——推进商贸领域诚信建设，促进商贸活动有序发展	——加强诚信宣传教育力度，营造社会诚信氛围

注：图中深灰色■框内显示内容为2009年有重大成绩或突破的；图中浅灰色■框内显示内容为2009年持续推进的。

图 6.1 2009 年上海信息化环境发展状况要点示意图

二、组织机构改革

2009 年上海市 18 个区县信息化委员会实现与区科技委员会 (或区经济委员会) 的合并，为完善上海市工业和信息化管理体系，推动信息化和工业化的融合提供了组织保障。

从机构设置看，全市 18 个区县中浦东新区、宝山区信息化委员会与经济委员会合并，分别成立了区级经济信息化委；其他 16 个区县信息化委员会实现与科学技术委员会的合并，成立新的科学技术（信息化）委员会。通过区县的机构合并，在政府层面实现的工业与信息化及科技之间的业务融合，提高了办事效率，有利于提升政府的推进信息化，尤其是"两化融合"工作力度，对上海市优化产业结构、促进产业转型升级，率先实现工业现代化具有十分重要的意义。

三、信息安全

（一）信息安全基础设施

信息安全基础设施是保障信息安全的必要基础。上海市最重要的信息安全基础设施主要包括信息安全测评认证中心和数字证书认证中心等。2009 年，信息安全测评认证中心成为市信息系统等级保护测评机构及市唯一商用密码系统安全检测机构；数字证书认证中心再次对根认证体系进行了改造，并顺利通过了 WEBTRUST 复审。

信息安全测评认证系统建设。2009 年，信息安全测评认证中心获得了上海市公安局、上海市密码管理局授权，成为市信息系统等级保护测评机构及市唯一商用密码系统安全检测机构。自国家建立统一的信息安全产品认证认可体系以来，测评中心作为国家认监委全国首批指定的七家信息安全产品 3C 强制认证检测试验室之一，2009 年共受理完成了 18 件产品的认证测评业务，占全国产品认证测评总数的 1/3，检测产品覆盖防火墙、入侵检测系统（IDS）、安全审计产品、数据备份与恢复产品、网站恢复产品、智能卡、身份鉴别产品、证券交易委托产品等类别。

数字证书认证中心系统建设。2009 年，上海市数字证书认证中心对根认证体系进行了改造，形成了六张根证书为主的根认证体系，提升了上海市电子认证服务平台整体安全水平；对认证系统的数据库进行了升级扩容，并完成 UC 3.0 系统上线，为今后发展提供了技术保障；顺利通过 WEBTRUST 复审，成功将数字证书植入微软操作系统，打造全球认证服务模式；研发签名数据可视化防伪校验技术，并申请了专利，目前该技术已经市场化；完成营业执照电子副本与数字证书整合系统建设，基本实现将市工商局纳入上海市网络信任体系的既定目标；建设外网数字证书认证系统，巩固和扩大电子政务市场；加大区县 RA 建设力度，完成了浦东新区、徐汇区的 RA 中心建设，目前已基本建设完成覆盖全市的 RA 中心。

（二）信息安全服务

2009 年，上海信息安全服务质量进一步提高，众多信息安全服务机构为相关基础网络和重要信息系统的信息安全保障工作提供了高质量的安全服务，信息安全态势总体保持可控。

1. 城域网信息安全事件监测预警服务功能进一步完善，信息安全动态研判和跟踪处置能力进一步提高

2009 年，上海开始对全市城域骨干网安全运行状况进行 7×24 的安全事件监测，共计发布 365 期上海市网络与信息安全监测日报、50 期上海市网络与信息安全监测周报和 12 期上海市网络与信息安全监测月报，处置了 9 起网络与信息安全突发事件（见图 6.2）。

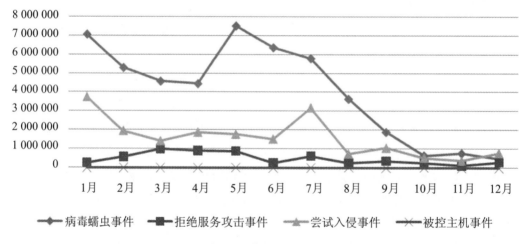

图 6.2 2009 年上海市城域骨干网安全运行状况监测数据

2. 计算机病毒防范稳步开展，病毒预报及处置能力进一步提升

2009 年全市病毒防范稳步开展，就发生信息安全事件的数量而言，2009 年重点单位信息安全事件月平均发生率与上年度的月平均发生率相比有所下降，全市的信息安全态势继续处于一个相对平稳期。"黑客攻击"事件与上一年度比较，数量明显增多，为 221 398 例（按攻击源 IP 统计），但攻击得逞的仅为 10 例。"计算机病毒"事件比去年情况好转，全年有 31.02% 的单位受到不同程度的病毒感染，比上一年度的 37.27% 有所下降。

有 25.32% 的单位遭受过三次以上的反复感染，也比上一年度的 27.95% 有所下降。

3. 计算机司法鉴定服务向全国拓展，业务稳步增长

2009 年，上海计算机司法鉴定服务面向全国开展了有关电子证据计算机司法鉴定业务，司法鉴定业务比 2008 年增长了 52%，邮件类、数据恢复检验类业务仍是主要类型；对全市法官和刑警开展了有关电子证据的培训，提高了法官、办案警察对电子证据的认识，取得了良好效果。

4. 信息化服务热线全年正常运作，市民信息化服务持续推进

上海信息化服务热线（9682000）全年正常运作，在全市布置了 10 个服务点，共计受理免费技术咨询电话服务 122 420 次，上门技术服务 781 次，每周在全市 20 余家电视、广播、报纸等媒体和市经济信息化委网站、市民信箱等网站发布计算机病毒预报。发放免费期刊——《信息安全和服务》12 期，全面介绍全市信息化发展的状况、信息安全防范知识等。

5. 信息安全测评有序开展，重要公共信息系统的安全测评稳步推进

2009 年，上海信息安全测评圆满完成了对上海市 102 个重要信息系统的安全测评工作。其中，31 个公共管理信息系统，71 个公共服务信息系统，主要涵盖电子政务类、门户网站类、重点企业的业务支撑系统类、金融服务类、社会保障类、公共事业类、世博类等七大类系统，各类占比分别为 14.7%、4.9%、6.9%、54.9%、5.9%、7.8% 和 4.9%。截至 2009 年年底，上海信息安全测评已完成对本市 360 余个公共信息系统的安全测评，测评范围涉及电子政务、社会保障、银行、证券、保险、电力、燃气、供水、轨道交通、医疗卫生等关系国计民生的主要信息系统应用领域，为确保 2010 年上海"数字世博、安全世博"的召开奠定了良好基础。

6. 数字证书在电子政务、电子商务等领域应用进一步扩大，全市统一网络信任体系基本形成

2009 年，上海市统一电子认证服务平台对根认证体系进行了改造，电子认证服务平台整体安全水平进一步提升，同时顺利通过 WEBTRUST 复审。电子认证服务在电子政务和电子商务领域的应用继续推进。目前，上海已基本形成了全市统一网络信任体系。2009 年全年上海 CA 发放各类数字证书 36.5 万张，比去年同期增长 14%，累计发放数字证书 174.5 万张，继续为全国数字证书发放规模最大的地区性 CA 之一。

在电子政务应用方面，营业执照电子副本与数字证书整合系统建设顺利完成，将市工商局纳入本市网络信任体系的既定目标基本实现。目前，工商项目已发放数字证书超过 9 万张；数字证书已经应用到世博票务系统、特许经营系统、OA 系统、证件管理系统、安保系统、物流系统等多个业务系统中；财税项目应用进一步深化，公务员卡与财政政府采购证书应用项目得到重点推进；外网数字证书认证系统开始建设，数字证书成为全市外网平台统一的网络信任基础设施，进一步扩大电子政务应用。

在电子商务应用方面，数字证书在金融行业的证书应用持续推进。2009年，上海银行累计申请证书近10000张，北京中行外汇保证金业务发放数字证书5000张，东方钢铁发放证书4000多张，三大期货交易中心涉及的用户数字证书基本发放完成；在医疗、电信行业的证书应用取得新拓展，2009年桂林医学院附属医院电子病历、闸北区居民健康档案两个项目成功签订，拓展了证书应用领域；此外，通过数字证书认证中心参与了电信WAPI企标的制定，PKI业务拓展到3G通信领域，实现了电子商务领域证书应用新突破。

（三）信息安全管理

2009年，虽然伴随着国家和上海相关政府机构的调整，但信息安全工作未出现间断，信息安全责任制在各信息安全部门的密切协作下得到有效落实，信息安全协调管理机制不断完善，等级保护、应急预案调整及演练等持续推进。

信息安全等级保护得到进一步强化。2009年初，"上海市重要信息系统安全等级保护工作协调小组"成立；2009年8月起，18个区县一级和1个市一级的等级保护工作受理点设立；定级在三级和三级以上的信息系统在世博会前基本已完成等级测评和安全整改。

应急预案体系建设进一步加强。根据2009年国家颁布的信息安全应急预案要求，市级信息安全应急预案进行了相应调整，并于6月底向全市发布实施；158个信息安全重点单位的信息安全应急预案和演练计划进行了备案，到2009年9月底，全市信息安全重点单位的预案调整和演练计划的备案基本完成；信息安全应急预案调整和演练工作培训会召开，会上对信息安全应急预案调整和演练工作进行辅导，应急预案内容的完整性、可操作性和有效性得到切实提高。

此外，从2009年7月下旬至2010年1月，开展了政府信息系统安全检查工作，全市各级政府机关所辖信息系统均开展了安全自查。举行信息安全技能竞赛，推动信息安全领域高技能人才队伍建设，选拔和培养优秀技能型人才，营造崇尚技能、尊重人才的社会氛围。发放《上海市民信息安全手册》宣传信息安全，普及计算机防护知识和常识，更好地提升市民的信息安全意识。

（四）信息安全保障

2009年，信息安全保障能力进一步增强，国庆60周年信息安全保障顺利完成，世博会信息安全保障持续推进。

2009 年是国庆 60 周年，为确保国庆 60 周年信息安全保障顺利完成，各方面积极开展工作。市网络安全办公室就做好 2009 年国庆期间信息安全工作印发了通知；各信息安全重点单位自觉按照信息安全的相关管理规定，积极做好信息安全的防范和应急准备；各项日常维护保障得到严格落实；国庆期间系统安全稳定运行的排查和保障得到有力加强。同时，市级层面组成了综合、宣传、金融、交通、通信、重点企业等 6 个检查组分头对各相关单位的工作落实情况进行了检查。在各部门、各有关单位的通力协作下，上海市国庆期间未发生一起严重的信息安全事件。

2009 年，世博会筹办和运营机制进一步完善，世博会信息安全保障工作的责任分工、协调机制进一步明确。在 2009 年 7 月底举行的全市信息安全保障工作会议上，艾宝俊副市长与上海世博局、市金融办、市人力资源社会保障局、上海机场集团等单位签订了《2010 年上海世博会信息安全保障工作责任书》。同时，上海市信息安全重点单位信息进一步加强梳理，按照确保世博会安全要求对全市信息安全重点单位进一步实施了分级和分类管理，并明确了责任人、责任部门和信息安全员，确保各项工作部署到位。

四、信息化政策法规

（一）立法工作

2009 年，上海在信息化领域立法工作中取得突破性进展，重点在地方性法规立法、市政府规章立法、行业领域立法、"两化融合"立法等方面取得了成效。

在市政府规章立法方面，开展了无线电管理、信息安全等市政府规章立法工作。为 2010 年上海世博会召开营造良好的无线电秩序和信息安全的环境，《上海市无线电管理办法（草案）》计划于年内出台；《上海市计算机信息系统突发事件处置办法（草案）》目前已形成草案文本和调研报告。

在行业领域立法方面，开展了信息化、生产性服务业等领域的行政规范性文件和政策性文件立法工作。行政规范性文件的调研和起草工作重点集中在专项资金管理、政府投资信息化项目管理、信用征信等领域；在"两化融合"、促进信息服务业发展等方面启动了政策性文件的调研；为加强对产业和信息化领域行政处罚流程的梳理，《上海市经济和信息化委员会行政处罚法律文书》和《上海市征信管理办公室行政处罚文书》相继出台。

在"两化融合"政策法规制定方面，工业和信息化领域内的政策法规课题公开招投标工作相继开展。重点选择生产性服务业、信息基础设施、法人基础信息管理等领域内的 15 项政策法规课题，各科研院所、研究机构、行业协会、企事业单位积极参与课题研究工作。

（二）基础调研

2009 年，上海在信息安全和区域合作、信息化政策法律等领域开展了基础调研。在信息安全领域重点开展《上海市计算机信息系统突发事件处置办法》立法调研工作，在区域合作领域重点开展"长三角"信息化政策法规联动机制研究。

《上海市计算机信息系统突发事件处置办法》立法调研稳步推进。在对现有计算机信息系统与互联网络信息安全方面的法律、法规及相关立法进行了梳理研究的基础上，针对上海市相关立法的必要性、基本定位作了相应分析，并对立法的主要内容进行了着重阐述。研究了上海市计算机系统突发事件的现状及其发展趋势，对立法的必要性问题展开了充分论证，提出了立法体例的选择和基本定位。研究重点针对上海市立法必须综合考虑的与现有法律资源的关系，就上海市计算机系统突发事件立法中有关名称的选择、信息系统突发事件的分级、处置体制、处置的具体流程、重点保障措施、相关法律责任等主要问题开展了立法研究，并提出了立法条文的具体内容。

"长三角"信息化政策法规联动机制研究取得重大进展。主要针对长三角"两省一市"信息化以及信息法律政策发展现状展开了调查和研究。研究并提出了长三角信息法律政策联动机制的发展及存在的问题，探讨了长三角信息法律政策联动的可行性，论证了建立长三角信息法律政策联动机制的现有法律基础，探索并分析了可供长三角信息法律政策联动机制借鉴的经验和做法，提出了长三角信息法律政策联动机制建立的思路建议。

（三）行政执法

2009 年，上海行政执法队伍建设和宣传教育扎实推进，行政执法与监督进一步加强。全市贯彻实施《上海市促进电子商务发展规定》工作会议召开，重点推进地方性法规的贯彻实施工作，并通过媒体报道、讲座、研讨会等多种形式开展了条例的法律宣传和教育培训工作。

五、信息化人才

2009 年上海市信息专业技术人才知识更新工程（"653 工程"）围绕信息领域新知

识、新技术的推广、应用，围绕产业发展对信息化人才的需求，加快推进专业技术人才的知识更新培训。截至 2009 年底，上海市培训种类专业技术人员达 1.2 万人次。其中，有 2 073 人获得国家"653 工程"培训证书，有 231 人获得上海市继续教育培训证书，累计参加培训人数达到 29 270 人。

在课程开发方面，2009 年完成 45 门课程开发，完善了上海市信息技术人才知识更新体系。其中，由市信息"653 工程"办公室主持开发的课程完成 13 门，纳入培训机构课程 32 门。这些课程均通过了国家信息领域"653 工程"办公室组织的专家认定，成为国家信息领域"653 工程"指定培训课程。累计完成开发知识更新课程 126 门，初步形成上海市专业技术人才知识更新课程体系。为提高上海市信息领域"653 工程"培训质量与层次，市信息"653 工程"办公室与上海交通大学、华东理工大学、华东师范大学等高校合作，开发了 18 门适合工程硕士等高端信息专业技术人员使用的课程，参加学习的人数达到 3 191 人。

在服务平台方面，市信息"653 工程"办公室组织人员对信息专业技术人才知识更新综合服务平台进行了内容维护，更新了课程目录和简介以及获证人员信息，进一步加强了为信息专业技术人才知识更新的服务。

在培训工作方面，为推进上海市信息专业技术人才知识更新工程培训工作的开展，市信息"653 工程"办公室多次召开会议，发挥信息化系统行业协会在信息专业技术人才知识更新工程中的作用，市集成电路行业协会承办了国家人力资源和社会保障部的高级研修班，市信息化培训协会会员单位积极参与信息领域"653 工程"培训，有力地促进了上海市信息专业技术人才知识更新培训工作的开展。

专题三 社会诚信体系

2009 年，上海市社会诚信体系建设工作在市委、市政府的领导下，通过各部门的共同努力，较好地发挥了服务、保障、支撑上海"四个中心"建设和"服务企业保增长"的作用，取得了新的成绩。据不完全统计，目前，上海地区个人和企业信用信息日均查询量已分别占到全国的 1/5 和 1/10，上海已经成为全国重要的信用服务市场和信用服务机构集聚地。

1. 信用服务行业稳步增长

截至 2009 年底，市征信办共受理 12 起信用服务机构备案申请，核准 8 起，在市征信办备案的信用服务机构达到 64 家。对已备案机构，市征信办在《解放日报》和《文汇报》

上进行了公告。2009年信用服务行业总营业收入50 000万元，从业人员总数达到1 915人。

个人信用联合征信系统累计涵盖1 109万人的信用信息，比上年末增加62万人，同比增长5.9%；个人信用产品提供量累计达1 071.5万份，比上年末增加63.5万份，同比增长6.2%。上海资信有限公司顺利完成股权转让事宜，荣登2009年度上海名牌服务企业榜，上海市个人和企业联合征信系统与人行个人和企业征信系统形成紧密合作态势。

2. 用制度建设继续深化、拓展

一是在法规规章制定、政策研究方面，参与《上海市推进国际金融中心建设条例》《关于进一步促进本市中介服务业发展若干意见》的起草工作；制定《上海市推进工程建设领域项目信息公开和诚信体系建设工作实施方案》；完成"完善上海市信用基础设施及信用监管、信用信息应用机制研究"、"上海市政府部门和公用事业单位信用信息公开现状研究"、"商务信用信息开发机制研究"、"形成有利于服务经济发展的信用制度及法规规章框架"等多个课题。

二是在信用信息共享使用方面，2009年6月，上海市电力公司与上海资信有限公司就电力用户窃电、恶意欠费等不良信用信息采集事宜签订了合作框架协议；10月，市食品药品监管局与市征信办形成了将市食品药品监管局认定具有严重违法行为的企业及其相关责任人员信息向市联合征信系统披露的合作备忘录；同月，中国电信上海公司与上海资信有限公司就电信公司用户恶意欠费信息的采集和征信服务合作签订合作协议；此外，《上海市经济适用住房管理试行办法》（沪府发[2009]29号）和《持有上海市居住证人员申办本市常住户口试行办法》（沪府发[2009]7号）也作出了将虚假信息纳入上海市个人和企业信用联合征信系统的制度安排。

三是在开展信用制度试点方面，启动上海市社会诚信体系建设专项资金项目（第三批试点）工作，23个试点项目主体包括政府部门、园区、商圈、行业协会等，试点范围涉及先进制造业、现代服务业等重点领域；参加小企业信贷网络服务平台建设，与工商、质监、税务等部门建立完善小企业信用信息批量查询、比对机制。

3. 诚信创建活动持续开展

2009年10月26日，人民银行上海总部与市征信管理办公室在静安区共同举办了"2009年上海市信用知识进社区活动"启动仪式，上海市诚信体系建设联席会议成员单位及全市各区县有关政府部门、金融机构、街道、居委及社区代表120余人参加了仪式。启动仪式之后，市征信管理办公室、人民银行上海总部联合区县有关部门深入全市18个区县的有关街道、居委，充分利用全市东方社区信息苑网点，面向社区百姓广泛开展信用知识宣传，累计发放信用知识宣传光盘、《百姓征信知识问答》书籍以及有关信用宣传折页等资料万余份。

开展多层次服务企业信用培训和交流。面向年产值 10 亿元以上骨干企业、成长型中小企业及部分行业协会，举办"企业高管信用风险管理培训"、"应对金融危机化解企业信用风险研讨会"、"房地产企业信用体系建设及信用风险控制研讨会" 等，组织开展信用产品免费试用工作。

与市委宣传部、市文明办等部门合作，指导上海市现代服务业联合会、上海市信用服务行业协会等开展以"迎世博、讲文明、树新风、建诚信"为主题的"上海市企业诚信创建活动"，推动美容美发、房地产中介、餐饮、旅游、公共交通等行业的诚信创建活动。

三地信用主管部门完成《长三角区域信用体系中长期发展规划纲要》研究，联合发布《关于长三角两省一市备案互认信用服务机构名单的工作意见》并公示三地备案的 81 家征信机构，召开长三角区域信用体系专题组例会，交流总结三方社会信用体系建设工作和"信用长三角"合作重点事项进展情况。

第七章

区域信息化

第七章　区域信息化

2009 年，上海市各区县根据自身需求，结合区域特点，在无线城区建设、社会领域应用等方面取得了突出的成绩，并为在全市范围内推广发挥了积极的作用。本章将结合各区现状，从信息基础设施建设、电子政务、社会领域信息化、城市建设和管理信息化等维度，反映 2009 年上海区域信息化建设的成果。

一、无线城区建设

2009 年各区县无线城市建设渐入高潮，加快建设以 3G+WiFi 为主的多层次、广覆盖、多热点的全市无线宽带网络。在无线宽带连续覆盖的支撑下为公众提供无缝应用体验，建设重点由推进网络覆盖逐步向深化应用转移，上海进入了全面、深入建设无线城市的新阶段，各区县围绕推进无线覆盖、拓展无线应用积极开展工作，取得了阶段性成果。嘉定区在无线城市建设上一路领先，2009 年"嘉定 · 无线城市"建设基本完成，信息网络实现"大提速"，强力支撑了各领域应用的深入开展；静安区、卢湾区等区县无线城市建设积极推进，在全市形成了全面建设无线城市的格局。

嘉定区 2009 年无线城市建设成绩突出。在无线网络覆盖上，加快"嘉定 · 无线城市"网络建设进度，全面启动"嘉定 · 无线城市"覆盖建设。截至 2009 年底，基本实现以嘉定城区为核心、以辐射方式覆盖连接各镇、街道的主要交通干道，在全区形成点、面、线相结合的以室外为主的无线城市网络覆盖，注册用户突破 2.6 万人，平均每天活跃用户近 3 000 人次，"嘉定 · 无线城市"基本实现；在网络服务水平上，围绕"嘉定 · 无线城市"网络建设，对 IP 核心网、光纤传输网、无线网络进行进一步优化和完善，着手对网络进行"大提速"，在原有 20M 共享带宽的基础上，引入由 50M 的独享带宽和 50M

的共享带宽组成的 100M 出口带宽，全面提升"嘉定·无线城市"网络整体服务水平；在深化行业应用上，积极探索"无线城市"在智能交通和农业领域的应用，建成嘉定区交通运输综合信息系统，并结合物联网建设，推进农业数字化信息监控系统在马陆葡萄园应用。

静安区聚焦国际商务港，以静安寺地区无线覆盖为基础，以推进无线应用为重点，制定形成了《2009 年静安无线城区推进方案》，从网络覆盖、应用推进和宣传培训等方面，积极推进无线静安建设。2009 年共建设完成室内、外 3G（TD）基站 136 个，完成 155 幢商务楼宇公共区域室内 WIFI 的热点覆盖和吴江路、同乐坊等片区的室外 WIFI 热点覆盖，构建"无线静安信息平台"，在静安寺地区部分公共场所提供市民免费无线上网；建成"上海静安"门户网站手机版，将政府信息公开和公共服务向手机终端延伸；开展"手机邮箱免费体验活动"，探索移动办公应用，全区近 20 个部门的 40 余人已利用手机实现政务邮件的收发；组织开展无线知识培训、无线体验馆参观、无线知识宣传手册发放以及静安时报专版宣传等形式多样、内容丰富的宣传活动，在区内营造形成"懂无线知识、会无线冲浪"的应用氛围。

此外，其他区县加快重点区域的无线覆盖和"无线城市"在各领域的应用，深入推进无线城市建设。卢湾区在基站建设上，结合加强 TD-SCDMA 建设和应用要求，积极推进以基站建设和通信应用为主的无线覆盖工作，已建成各类 TD 基站 76 个、在建 36 个、签约 3 个、待建 1 个；在重点区域建设上，重点推进了田子坊、江南智造局园区局门路沿线的 3G 无线覆盖应用，"田子坊"3G 和 W-Lan 覆盖基本建设完成，实现"田子坊"地区的无线覆盖，促进改善卢湾投资环境和市民生活质量。黄浦区积极推进建设 3G（TD-SCDMA）基站，把 5 个基站点分别落实到外滩 3 号、老西门社区文化中心、新地大厦、望江苑小区、南房地产公司附近，制订了外滩滨水区无线局域网（WLAN）建设方案和新联谊大厦二期无线覆盖建设方案，3G（TD-SCDMA）网络建设的逐步推进，为可视电话、手机上网、手机电视、视频点播等业务的推广应用创造了条件。徐汇区 2009 年基本实现"无线城市"的既定目标，在徐汇区域内完成 3G 信号全覆盖，同时推进重点区域的无线宽带网络覆盖工作。截至 2009 年 12 月份共计完成电信 118 个场点、移动 129 个 WLAN 场点和 151 个 TD-SCDMA 场点的覆盖工程，为视频监控、移动办公、电子商务等无线应用提供了基础保障。闸北区完成"无线闸北"项目一期建设，区域内无线网络覆盖率达到90%，完成区内 21 个 TD 基站建设和 265 处室内覆盖，初步实现区域内 3G 信号连续覆盖。松江区实现 3G 全覆盖，"无线城市"二期建设项目正式启动，在一期的基础上对已部署的 WiFi 无线热点进行扩展，进一步完善老城区、新城区、工业区、佘山度假区、大学城、各街镇城区等区域的信号覆盖，并且将这些热点连接起来形成规模较大的无线覆盖热区，各街镇重点区域建设完成 62 个点。

二、区域光纤宽带网建设

2009 年，中国电信与上海市政府签署了战略合作协议，明确提出中国电信两年内投资 60 亿元，建设 IP 化、扁平化、宽带化、融合化的上海"城市光网"。预计到 2012 年，上海市将实现"百兆到户、千兆进楼、T 级（百万兆）出口"的网络覆盖，为上海信息通信基础设施升级，加快建设"两个中心"提供有力保障，进一步确立上海成为亚太信息通信枢纽地位。随着世博园、张江数字园区、信息大虹桥等信息通信工程的推进，城市光网建设迅速启动。

浦东新区城市光网全面提速，高速宽带网络为丰富的应用服务提供了畅通无阻的通信渠道。世博园信息通信工程、张江数字园区是浦东城市光网建设的两大亮点。在世博园区，城市光网对方圆 5.28 平方公里的世博园区实现全覆盖，并提供光纤到楼层、到场馆的百兆 / 千兆的上联能力，实现"百兆进户、千兆进楼、T 级出口"，以承载基于城市光网之上的诸如高速上网、IPTV、VOIP、会议电视、视频监控、"网上世博"等服务，同时世博新闻中心配备了每坐席最高独享百兆的高速互联网接入服务，方便世界各地新闻媒体全方位快速报道世博。在张江园区，城市光网有效支撑张江"数字园区"建设，2009 年 6 月，中国电信上海公司与张江集团正式签约，共同打造上海首个"数字园区"，同时中国电信宣布，正式启动上海"城市光网"(MONET) 行动计划。张江"数字园区"已铺开建设，目前已建立起大容量的 800 公共呼叫中心、IDC 机房、线路代网管、IT 外包平台等。张江最快在 1 年半后完成"百兆到户、千兆进楼、T 级出口"的网络覆盖。城市光网与园区建设的结合，将实现管理者对园区整体的数字化管理、智能化监控、人性化服务，帮助园区内企业开展虚拟化运营、协同化办公、一体化物流，最终提升张江地区的通信信息服务环境，构建以信息化为主要手段的新型商务模式、生产生活模式。

长宁区计划在三大重点区域实施城市光网改造，助推"信息大虹桥"建设。2009 年 8 月长宁区政府与中国电信上海公司签署了共同推进"大虹桥"信息化合作协议，双方将首先在 2009—2012 年内共同推进 10 大信息化重点工程，在长宁区的虹桥、临空、中山公园三大经济区域实施"城市光网"计划，实现光缆全覆盖，为入驻企业提供最高 100M 的高品质宽带接入服务。同时，配套建设 IDC/DC 数据中心，向企业提供电信级服务，率先把长宁经济区域打造成为国际一流的信息化高地。

三、有线电视数字化整体转换

当前，广电总局正加紧建设其下一代广播电视网 (NGB) 中的高性能宽带信息网（3TNet），目标是向用户提供高清晰度电视、数字音频节目、高速数据接入和话音等三网融合业务，为科技、教育、文化、卫生、商务等行业搭建综合信息服务平台，使信息服务如同水、电、暖、气等基础消费一样遍及千家万户。

在此背景下，围绕三网融合，上海市正在推进有线电视数字化整体转换工作，其中50 万户居民将使用以 3TNet 技术为支撑的下一代广播电视网，这些家庭将实现高速带宽接入，通过整体转换告别模拟电视时代，收看到更清晰、可以自由点播和任意回看的数字电视。

长宁区作为上海首批试点区，有线电视数字化整转工作走在了全市的前列。2009 年长宁已经完成 10 万户有线电视整转，占全区有线电视数字化整转工作量的 38.53%。已确定剩余的 15 万有线电视用户全部采用下一代广播电视网实施整转改造，2010 年长宁区将有约 15 万户居民家庭实现 30 兆高速带宽，届时长宁将成为中国居民用户带宽最宽的地区。为了探索下一代广播电视网的宽带信息综合应用，提升信息化整体应用水平，长宁实施了科技部"数字一体化社区综合信息服务示范工程"。截至 2009 年 10 月 20 日，周桥街道、新泾镇、虹桥街道分别完成了有线电视数字化整转任务的 91.22%、85.27% 和79.15%，其他街道都有一些零星的试验性有线电视数字化整转用户，这为试验示范网络环境的规模化运用示范探索了新的营运模式，也为 NGB 的产业化奠定了坚实的基础。试点工作将进一步推进下一代广电网络在长宁区政务、商务、生产、生活、教育、文化等各领域的广泛应用，不断提高长宁区的信息化应用水平。

四、区域电子政务建设

2009 年，上海注重政府管理创新，加大行政审批改革力度，开展了第四批行政审批事项清理工作，优化审批流程，建设工程审批程序简化 50% 以上，44 项审批事项实施并联审批，39 项审批事项实施告知承诺，网上行政审批管理和服务平台建设稳步推进，强化政府管理创新、行政审批改革先行成为区域电子政务建设的亮点。长宁区、卢湾区等区县以推动网上行政审批、拓展并联审批为重点，行政效能和服务水平进一步提高。

长宁区积极开展市级网上行政审批改革试点，率先完成建设项目并联审批。在推动网上行政审批上，长宁区从 2001 年至 2009 年共进行了六批取消和调整的改革，共取消和调整的项目总数为 908 项，行政审批事项从 2001 年的 1 113 项减少到现在的 205 项。2009 年 4 月 1 日长宁区网上办事大厅正式上线运行，通过长宁区门户网站进入网上办事大厅，25 个行政部门的 223 项行政许可事项都可进行在线办理，实现了网上行政审批事项的全覆盖、全公开和全透明。在并联审批方面，率先完成建设项目并联审批"土地招、拍、挂审批流程项目"。建设项目的并联审批是长宁区空间地理信息系统的重要应用功能，该功能模块涉及建设项目并联审批的所有环节，实现外网受理、内网并联审批、外网告知结果的审批流程，包括土地取得、规划方案、初步方案、施工许可、施工建设和竣工验收等阶段，其中土地招、拍、挂是土地取得阶段中一个重要审批流程。

卢湾区并联审批、网上办事、综合协调、电子监察"四位一体"行政审批服务平台开通运行。2009 年，卢湾区以行政审批中工作量最多的企业设立变更审批为重点，实行流程再造，创建了并联审批、网上办事、综合协调、电子监察"四位一体"企业设立变更服务平台，整合了 12 个审批部门 54 项审批事项，初步实现了企业设立变更过程中的全覆盖审批、全方位公开、全过程监督。自 2009 年 8 月 4 日开通运行以来，平均审批用时 1.9 天，比平均法定用时缩短 22.1 天，企业满意率 100%。该平台将服务、审批、协调、监督等四种功能融为一体，实现审批过程网上全程公开、申报材料互动化服务、办事状态动态化查询、办事结果信息化告知、服务质量透明化监督。

此外，闵行区、杨浦区在推行网上行政审批、建设并联审批平台方面也取得了新的进展。闵行区成立了由区发改委、区科委、区建交委、区监察局、区规土局、区证照中心（审改办）及"上海闵行"网站等部门组成的"闵行区网上行政审批平台建设项目小组"，在走访调研的基础上，结合市级平台的建设要求及闵行区现状，形成了闵行区平台的建设思路，完成了《闵行区网上行政审批平台建设实施方案》，明确了区网上行政审批平台的设计理念、总体架构和基本功能，确定了项目建议书和可研报告的编制单位，并提交了项目建议书初稿。杨浦区积极推进区内资企业并联审批与外资企业并联审批信息系统并网改造。依托门户网站和杨浦招商网，建立行政审批信息公开、网上查询平台；通过对原有并联审批平台的更新改造，实现多个审批部门网上预审会商、前置并联受理等，逐步形成行政审批信息共享、并联协同机制；通过行政审批电子监察和视频监控系统实现对所有行政许可事项的实时监督、及时纠错，从而建立对窗口工作人员和部门科学的绩效评估体系。下一步将依托互联网建立行政审批网上办事、一站式体验中心，向企事业单位和社会公众提供网上咨询、网上预审、网上受理、网上反馈等服务，逐步实现外网申报、内网审批、外网反馈的全程网络化管理。

五、人口数据共享推进

2009 年，上海各区县实有人口库持续完善，扩大实有人口覆盖面，并积极推进人口信息的共享，宝山区率先在全市 18 个区县中实现与市公安人口信息资源共享。同时，实有人口、实有房屋的"两个实有"全覆盖管理在各区县有序开展，虹口区"两个实有"全覆盖管理试点顺利完成，上海市第二阶段扩大试点工作已涉及虹口区其余 8 个街道和另 17 个区（县）的 35 个街（镇），加强了实有人口服务和管理工作，切实推进了居住证制度和居住房屋租赁管理制度的实施。

虹口区积极推进实有人口信息共享，数据调度中心项目通过验收。该项目依托网络平台，通过制定数据调度规则和调度协议，提供较为完善的信息共享审核体系，可方便地实现数据信息资源的共享与应用。结合目前人口数据共享应用的迫切需求，该项目通过社保卡中心数据交换系统软件的开发和应用，实现市区人口数据的交换。通过数据调度中心基础管理平台及数据交换产品在区以及 10 个街道的部署和应用，实现了区、街道之间的人口数据交换和共享，促进了区实有人口数据的维护和应用。在"两个实有"全覆盖管理上，试点工作顺利完成，实现了信息核实管理"无缝对接"。自 2008 年 10 月至 2009 年 2 月底，虹口区凉城新村街道、江湾镇街道率先开展"两个实有"全覆盖管理试点工作，建立"以房找人"和"以人找房"双向互联的实施途径，真正为政府决策提供依据、为社会管理提供支撑、为控制治安提供抓手。截至 2009 年 2 月底，两个试点街道共完成 10 431 个门弄号（其中临时门弄号 2485 个）GIS 定位，匹配入库房屋信息 69 288 间；房屋信息采集率达到 99.7%，登记量增加了 36%；人口登记信息量比试点工作前增加了 28.1%，其中，居住在试点街道而户籍不在的上海市常住人员信息量增加了 51.1%，来沪人员居住信息量增加了 17.9%。

此外，宝山区、普陀区、闸北区等区县在推动人口信息共享、完善实有人口管理方面也取得了一定成效。宝山区率先在全市 18 个区县中实现与市公安人口信息资源共享，已实现人口信息资源数据 174 万条、房屋信息 922 218 条（户）的共享，并初步明确今后人口信息半个月共享一次，房屋信息一个季度共享一次。普陀区扩大实有人口管理覆盖面，做好来沪人员居住证和临时居住证申领、续签工作，并启动不愿办理居住证的来沪人员信息采集工作。全区共办理居住证 5 910 张，临时居住证 43 258 张，不办证采集 1 985 人；办理到期续签 67 781 张，遗失补证 1 574 张，离沪退证 7 789 张。闸北区在原来来沪人口数据库基础上，建立并完善了全区实有人口数据库，按照统一的数据标准和技术标准对来沪人员信息进行规范采集、维护、交换并实现共享，开发建设来沪人员信息交换系统和应用系统，形成人口基本信息、公用信息定期共享，专业信息按需报批共享的机制，支持社区网格化管理的需要。

六、技术应用深化教育管理信息化

2009 年，区域教育信息化不仅仅局限于基础层面的教育网络建设，而是与考试、日常管理深度结合，各区县进行了积极探索，有效提升了区域教育信息化水平。在考试阅卷智能化上，黄浦区、宝山区进行了有益的尝试，同时，黄浦区、金山区在教育视频监控建设上有了新的突破。

黄浦区教育信息化应用较为突出。在考试信息化上，2009 年正式启用智能化网上阅卷系统。黄浦区早在 2008 年便试行网上阅卷，在此基础上，2009 年黄浦区在几次重要考试中正式启用智能化网上阅卷系统。该系统利用高速扫描仪扫描且保存考卷的原始数据，组织大量教师同时网上阅卷，通过阅卷采集的数据，网上实施统计、存档、排序、分类、分发、制表等流程，几个小时即可完成手工几天的工作量。网上阅卷系统的应用避免了试卷在人工装订、搬移、翻阅、批改、传递、加分、扣分、登分、统计等工作中出现的失误，提高了阅卷工作的准确率。同时，可根据教学需求自动生成各类详细的成绩数据统计分析报表，为教学质量检测和评估提供了客观依据。在视频监控上，2009 年8 月，黄浦区教育视频通（GIS 子系统）投入使用。该系统依托区教育信息网，在教育系统所属的 60 多个学校、单位设立 300 多台摄像头，24 小时不间断记录各防区的实况，区教育局各科室、各校校长室、安全办、信息中心等都可以随时监控防区状况，一旦发生情况，可以第一时间指挥和处理，并且可以调用历史纪录。该系统的应用极大地提高了学校安全保障和卫生防疫监控水平。

宝山区在持续完善"校校通"教育专网的基础上,初试无纸化阅卷。宝山区"校校通"教育专网现有接入单位 200 多个，网内拥有 20 000 多个计算机终端，涵盖了宝山区教育机关、基础教育、校外教育和成职校等教育单位和部门。为进一步提高阅卷质量，使考试评分更加公平、公正，宝山区对全区中学教学质量监控管理考试实施"网络阅卷"，并以淞谊中学、宝钢新世纪学校、宝山试验学校三所学校和区教师进修学院作为阅卷点，同时将以上三所学校的网络内联链路临时从 10M 提速至 100M，使得原来 50 台电脑同时上线，升级后提升为最多 500 台电脑可以同时上线，确保阅卷工作顺畅进行。约有近四万中学生参加了此次质量监控管理考试，按照常规的纸笔阅卷方式需要近千名老师三天时间完成，而网络阅卷只需要 450 名教师两天完成。2009 年，共有 14 所高中 5 000 名学生参加每学年 2 次 9 门课程考试，59 所初中共 28 500 名学生参加每学年 3 至 7 门课程考试，全部采用网络阅卷方式进行。

金山区考务中心和网上巡查系统建成并有序运行。2009 年，上海市教育委员会在金山、普陀、闵行三个区开展区级考务指挥中心和网上巡查系统建设试点工作。2009 年 4 月，"金山区考务中心和网上巡查系统"启动建设，6 月初建设完成。在 2009 年全国高考中，"金山区考务中心和网上巡查系统"运转正常。通过视频远程指挥系统，工作人员能对试点的考点、考场及保密室等进行不间断电子监控。

七、区域残联信息化建设

加强基础信息维护、加快应用系统建设、普及无障碍服务，是 2009 年上海各区县残联信息化建设的主线。各区县着重强化信息化基础设施及应用环境建设，为残疾人走出家门、接受培训、交流信息、参与社会生活提供了有利条件。其中，宝山区残联信息化建设成果突出，全力创建全国残疾人工作示范城市。

宝山区残联信息化建设实现新跨越。宝山区在创建全国残疾人工作示范城市过程中，从三方面全力做好信息化服务：一是利用现有的各种网络资源，实现残联系统的网络全覆盖；二是提供地理信息资源共享，为全区残疾人服务网点、无障碍设施的信息化管理提供平台；三是认真为残联系统信息化建设提供技术支持，目前区残联应用系统通过宝山区基础地理信息共享与服务平台的交换、接口、配置等服务，实现对服务网点和无障碍信息的有效管理。宝山区残联信息化建设成果主要体现在网络建设、基础数据维护、应用系统建设三个方面：

在网络建设上，顺利完成了基层残联整网迁移工程，实现街镇残联与市残联、区残联、区内各相关职能部门、村居委残联网互通。12 个街镇残联全部进入社区事务受理中心，实现了市残联政务外网、市残联 OA 网和区办公业务网三网合一、信息纵横共享。新的网络构架，不但提高了工作效能，节约了运营成本，更为实现让残疾人"少走一段路、少进一扇门、多办一件事"的信息化建设目标奠定了基础。

在基础数据维护上，区残联对区残疾人信息数据进行了全面调查摸底，在信息采集的基础上，组织各街镇将采集的数据录入"宝山区残疾人数据库"中，保证了系统数据的及时、准确、有效，并对"市残联管理信息系统"中原有的宝山区残疾人信息数据进行了全面核对、补录、清理，共修改问题数据 9 508 人，补录信息缺失资料数据 309 人，确保了残疾人数据的真实性、规范性、完整性和准确性，有效支撑了第二代残疾人证的发放。

在应用系统建设上，依托市残联管理信息系统，实行残联业务网上申请、审核、审批，为残疾人打通了一条办事"高速公路"，先后开发了"8-14岁残疾儿童康复救助"、"体检后续服务医疗券补贴"等11个区级康复救助项目和"低保残疾人家庭实物帮困卡"、"低保多残家庭助残金"、"无障碍设施进家庭"3个帮困救助项目。为了提高社会救助工作的透明度，依托区办公业务网开通了"宝山区救助管理系统"，该系统不但与区人口信息库链接，而且实现了与全区各街镇残联、相关职能部门、社会保障和救助机构的网络联通，整合了民政、教育、卫生、慈善基金会等11个部门和12个街镇的社会救助项目，做到凡是涉及民生的社会救助款物的发放、救助政策、救助对象等数据统一管理、信息共享，实现了对各种社会救助资源科学合理的整合和配置，为制定相关政策提供了真实可靠的决策依据。

黄浦区积极推进"创建全国残疾人工作示范城区"信息化建设。2009年，制订《黄浦区"创建全国残疾人工作示范城区"信息化建设方案》，推进残疾工作信息化建设。一是加强残疾工作网络建设，完成区残联、街道、"阳光之家"、"阳光学校"之间政务网络的联通。二是基于区实有人口信息资源库，整合区残疾人专业信息，建立区残疾人信息资源库，并通过区信息交换平台，实现市、区之间残疾人业务数据交换。三是依托区残疾人信息资源库，梳理残联业务工作流程，开发具有数据采集、数据比对、统计分析、查询检索、动态管理等功能的残疾人信息管理系统。残疾工作信息化建设的推进，提高了残疾工作效率，实现了残疾人信息共享，为"创建全国残疾人工作示范城区"工作提供了技术支撑。

八、城市建设和管理信息化应用拓展

2009年，上海各区县在完善空间地理信息标准化建设的基础上，推动GIS的综合应用，信息技术有效提升区域城市建设和管理能级。卢湾区进一步完善GIS共享平台建设，推动各级部门GIS综合应用；静安区、嘉定区加快城市网格化管理。

卢湾区为加强信息资源开发利用，提升信息资源共享水平，建成了以交换中心、定制中心、地理信息系统为核心的GIS综合应用平台。2009年，卢湾区GIS综合应用平台架构进一步完善，开发了全区统一、通用的GIS数据定制中心，构建了交换中心、定制中心、GIS系统三者相互支撑的GIS平台体系，初步形成了"一体化规划、集约化建设、层级化维护"的工作机制。形成了全区统一的部门数据交换标准与接口；依托交换中心与定制中心整合各类异构数据、实现各类信息定制服务，利用 GIS 系统支撑各部门信息资源开发利用，通过开展各类 GIS 应用促进部门间信息资源共享；拓展了 GIS 系统的可视化、查询和统计手段；加强了 GIS 底图更新维护，为部门业务系统在区平台上的数据落地、开展 GIS 综合应用提供了支撑。目前，地理信息系统地图规模已达 6 大类、379 个图层。平台上已有 39 项地理信息应用、27 项人口信息应用和 13 项法人信息应用，涉及 19 个部门和街道，进一步推动了人口、法人和地理三大领域信息资源的共享和利用。

此外，嘉定区、静安区在城市网格化管理上也有了新进展。嘉定区城市网格化管理初显成效。2009 年 8 月嘉定区城市网格化管理区域拓展前期基础性工作启动，所有 12 个街镇的城市网格化管理区域基本确定，区城市网格化管理范围将达到 49 平方公里左右。万米网格和责任网格的划分已基本完成，终端地图已更新完毕，系统基础数据录入工作正在进行。区域拓展的各项基础性工作已基本完成。2009 年全年，区城市管理监督受理中心平台发现案件 21 707 件，立案 21 590 件，结案 21 455 件，结案率为 99.4%。静安区积极推进城市实时图像监控系统建设。该系统不仅将区内所有道路交叉点、重点部位、治安复杂场所、案事件高发点、与外区交界道路节点都纳入视频监控范围，而且还探索采用了图像专用传输信息网络、无线图像传输技术、图像资料分析中心以及高清晰度双编码数字录像模式等一系列先进成熟的技术，进一步提升了对存储图像资料的检索和调取速度，实现了图像资源的集中管理，图像录像的清晰度和可用性也有较大的改善，全面提升了实时图像监控系统的使用效能，提高了系统的辅助实战能力、决策指挥能力、应急反应能力以及对图像信息的分析研判能力，使公安机关对违法犯罪行为的防范、预警、发现、打击能力再上一个台阶。

附　录

附录1：部分英文专有缩写名称解释

1. CMMB

China Mobile Multimedia Broadcasting 中国移动多媒体广播，它是国内自主研发的第一套面向手机、PDA、MP3、MP4、数码相机、笔记本电脑多种移动终端的系统，利用 S 波段信号实现"天地"一体覆盖、全国漫游，支持 25 套电视节目和 30 套广播节目，2006年 10 月 24 日，国家广电总局正式颁布了中国移动多媒体广播（俗称手机电视）行业标准，确定采用我国自主研发的移动多媒体广播行业标准。

2. IPv6

IPv6 是 Internet Protocol Version 6 的缩写，其中 Internet Protocol 译为"互联网协议"。IPv6 是 IETF（互联网工程任务组，Internet Engineering Task Force）设计的用于替代现行版本 IP 协议（IPv4）的下一代 IP 协议。目前的全球因特网所采用的协议族是 TCP/IP 协议族。IP 是 TCP/IP 协议族中网络层的协议，是 TCP/IP 协议族的核心协议。IPv6 正处在不断发展和完善的过程中，它在不久的将来将取代目前被广泛使用的 IPv4,每个人将拥有更多 IP 地址。

3. NGB

Next Generation Broadcasting 下一代广播电视网，是以有线电视数字化和移动多媒体广播（CMMB）的成果为基础，以自主创新的"高性能宽带信息网"核心技术为支撑，构建的适合我国国情的、"三网融合"的、有线无线相结合的、全程全网的下一代广播电视网络。科技部和广电总局将联合组织开发建设，通过自主开发与网络建设，突破相关核心技术，开发成套装备，拉动相关电子产品市场，满足老百姓对现代数字媒体和信息服务的需求，计划用三年左右的时间建设覆盖全国主要城市的示范网，预计用十年左右的时间建成中国下一代广播电视网（NGB），使之成为以"三网融合"为基本特征的新一代国家信息基础设施。

4. HIS

Hospital Information System 医院信息系统，在国际学术界已公认为新兴的医学信息学的重要分支。美国该领域的著名教授 Morris.Collen 于 1988 年曾著文为医院信息系统下了如下定义：利用电子计算机和通讯设备，为医院所属各部门提供病人诊疗信息和行政管理信息的收集、存储、处理、提取和数据交换的能力，并满足所有授权用户的功能需求。

5. GSM

Global System For Mobile Communications【电信】全球通，全球移动通信系统，亦称"泛

欧数字式移动通信系统",是一个根据欧洲电信标准协会出版的 GSM 技术规范建造的国际无线蜂窝网。

6. CDMA

Code Division Multiple Access 【电信】码分多址,在数字通信技术的分支展频通信的基础上发展起来的一种技术,使用于移动电话系统、无线网络系统以及个人通信服务等领域。

7. WCDMA

Wideband Code Division Multiple Access,是一种第三代无线通讯技术。WCDMA 是一种由 3GPP 具体制定的,基于 GSM MAP 核心网,UTRAN(UMTS 陆地无线接入网)为无线接口的第三代移动通信系统。

8. CDMA2000

Code Division Multiple Access 2000,是一个 3G 移动通讯标准,国际电信联盟 ITU 的 IMT-2000 标准认可的无线电接口,也是 2G cdmaOne 标准的延伸。

9. IDC

Internet Data Center 互联网数据中心,是指在互联网上提供的各项增值服务服务,包括:申请域名、租用虚拟主机空间、主机托管等业务的服务。

10. ARPU 值

ARPU-Average Revenue Per User 每用户平均收入,ARPU 注重的是一个时间段内运营商从每个用户所得到的利润。高端的用户越多,ARPU 越高。

11. BRAS

Broadband Remote Access Server 宽带接入服务器,是面向宽带网络应用的新型接入网关,它位于骨干网的边缘层,可以完成用户带宽的 IP/ATM 网的数据接入(目前接入手段主要基于 xDSL/Cable Modem/ 高速以太网技术(LAN)/ 无线宽带数据接入 (WLAN) 等),实现商业楼宇及小区住户的宽带上网、基于 IPSec(IP Security Protocol)的 IP VPN 服务、构建企业内部 Intranet、支持 ISP 向用户批发业务等应用。

12. MSTP

Multi-Service Transfer Platform 基于 SDH 的多业务传送平台。是指基于 SDH 平台同时实现 TDM、ATM、以太网等业务的接入、处理和传送,提供统一网管的多业务节点。

13. E-PON

Ethernet Passive Optical Network 以太网无源光网络。EPON 是一种新型的光纤接入网技术,它采用点到多点结构、无源光纤传输,在以太网之上提供多种业务。它在物理层采用了 PON 技术，在链路层使用以太网协议，利用 PON 的拓扑结构实现了以太网的接入。

14. MPLS VPN

MPLS VPN 是一种基于 MPLS 技术的 IP-VPN，是在网络路由和交换设备上应用 MPLS 技术，简化核心路由器的路由选择方式，利用结合传统路由技术的标记交换实现的 IP 虚拟专用网络（IP VPN），可用来构造宽带的 Intranet、Extranet，满足多种灵活的业务需求。

15. NGN

Next Generation Network 下一代通信网络。它是以软交换为核心的，能够提供包括语音、数据、视频和多媒体业务的基于分组技术的综合开放的网络架构，代表了通信网络发展的方向。

16. Linpack

Linear System Package 线性系统软件包。Linpack 是国际上使用最广泛的测试高性能计算机系统浮点性能的基准测试。通过对高性能计算机采用高斯消元法求解一元 N 次稠密线性代数方程组的测试，评价高性能计算机的浮点计算性能。Linpack 的结果按每秒浮点运算次数（flops）表示。

17. IVR

Interactive Voice Response 互动式语音应答，是基于手机的无线语音增值业务的统称。手机用户只要拨打指定号码，就可根据操作提示收听、点送所需语音信息或者参与聊天、交友等互动式服务。

18. IPTV

IPTV（Internet Protocol Television）是交互式网络电视，是一种利用宽带有线电视网，集互联网、多媒体、通讯等多种技术于一体，向家庭用户提供包括数字电视在内的多种交互式服务的崭新技术。

19. RFID

射频识别即 RFID(Radio Frequency Identification) 又称电子标签、无线射频识别，是一种通信技术，可通过无线电讯号识别特定目标并读写相关数据，而无需识别系统与特定目标之间建立机械或光学接触。

20. TD-SCDMA

TD-SCDMA 是英文 Time Division-Synchronous Code Division Multiple Access（时分同步码分多址）的简称，是一种第三代无线通信的技术标准，也是 ITU 批准的三个 3G 标

准中的一个，相对于另两个主要 3G 标准（CDMA2000）或（WCDMA）它的起步较晚。

21. Wi-Fi

Wireless Fidelity，是 IEEE 802.11b 的别称，是由一个名为"无线以太网相容联盟"（Wireless Ethernet Compatibility Alliance, WECA）的组织所发布的业界术语，中文译为"无线相容认证"，俗称无线宽带。它是一种短程无线传输技术，能够在数百英尺范围内支持互联网接入的无线电信号。

22. MASH

MASH（Multi Stage Noise Shaping) 是多级噪音整形技术，MASH 将最初的量化值与原信号的误差保留下来，下一次量化时先将上次量化值与误差从原信号中减去，这样重复数次，可以将二进制信号变换为脉冲宽度调制的信号，还可以将量化制造的噪音推到甚高频段，从而减少可闻频段的噪音。

23. TD-LTE

TD-LTE 即 TD-SCDMA Long Term Evolution，是指 TD-SCDMA 的长期演进。LTE(Long Term Evolution)，在目前 3G 应用成为主流的形势下，一般指移动通信产业 3G 系统的长期演进，也指 4G 及 3.5G、3.9G 等现有的 4G 系。

24. CDN

CDN 的全称是 Content Delivery Network，即内容分发网络。其目的是通过在现有的 Internet 中增加一层新的网络架构，将网站的内容发布到最接近用户的网络边缘，使用户可以就近取得所需的内容，解决 Internet 网络拥挤的状况，提高用户访问网站的响应速度。

25. SOA

面向服务的体系结构即 SOA（Service-Oriented Architecture）是一个组件模型，它将应用程序的不同功能单元(称为服务)通过这些服务之间定义良好的接口和契约联系起来。

26. TAA

Tactical asset allocation 战术资产配置，是一种根据短期市场预测，积极、主动地对投资组合的策略性资产配置（Strategic Asset Allocation, SAA）进行调整的动态策略。其目标是有系统地借助不同资产或子资产（sub-asset）平衡值所出现的非有效性或暂时性不平，来取得投资收益。

27. BOM

Bill of Material 物料清单。采用计算机辅助企业生产管理，首先要使计算机能够读出企业所制造的产品构成和所有要涉及的物料，为了便于计算机识别，必须把用图示表达的产品结构转化成某种数据格式，这种以数据格式来描述产品结构的文件就是物料清单，即是 BOM。它是定义产品结构的技术文件，因此，它又称为产品结构表或产品结构树。在某些工业领域，可能称为"配方"、"要素表"或其它名称。

28. ERP

Enterprise Resource Planning 企业资源计划，是指建立在信息技术基础上，以系统化的管理思想，为企业决策层及员工提供决策运行手段的管理平台。ERP 是一种可以提供跨地区、跨部门甚至跨公司整合实时信息的企业管理信息系统，在企业资源最优化配置的前提下，整合企业内部主要或所有的经营活动，包括财务会计、管理会计、生产计划及管理、物料管理、销售与分销等主要功能模块，以达到效率化经营的目标。

29. MES

Manufacturing Execution System 生产执行系统，是指从接受订货到制成最终产品全过程的生产活动实现优化的信息系统，系统通过采用当前的和精确的数据，对生产活动进行初始化，及时引导、响应和报告工厂的活动，对随时可能发生变化的生产状态和条件作出快速反应，重点削减不会产生附加值的活动，从而推动有效的工厂运行和过程。

30. DLP

Digital Light Procession 数字光处理，是一种投影技术，这种技术应用数字微镜晶片来作为主要关键元件，把影像信号先经过数字处理，然后再把光投影出来。

31. WLAN

Wireless Local Area Network，是利用无线通信技术在一定的局部范围内建立的网络，是计算机网络与无线通信技术相结合的产物，它以无线多址信道作为传输媒介，提供传统有线局域网 LAN（Local Area Network）的功能，能够使用户真正实现随时、随地、随意的宽带网络接入。

32. VOIP

Voice over Internet Protocol，简而言之就是将模拟声音讯号（Voice）数字化，以数据封包 (Data Packet) 的形式在 IP 数据网络（IP Network）上做实时传递。

33. MONET

"城市光网"（MONET）计划是根据上海市政府与中国电信签署的战略合作协议而设立的，2009 年 6 月 3 日，上海宣布正式启动，到 2012 年，上海市将有 300 万户宽带用户使用百兆级网络带宽。

34. OLT

Optical Line Terminal 光缆终端设备，用于连接光纤干线的终端设备。

35. PON

Passive Optical Network 无源光纤网络,指 ODN（Optical Distribution Network: 光配线网）不含有任何电子器件及电子电源,ODN 全部由光分路器(Splitter: 分支器)等无源器件组成,不需要贵重的有源电子设备。

36. FTTH

Fiber To The Home,就是一根光纤直接到家庭。具体说,FTTH 是指将光网络单元(ONU)安装在住家用户或企业用户处, 是光接入系列中除 FTTD(光纤到桌面)外最靠近用户的光接入网应用类型。

37. 3Tnet

高性能宽带信息网, 是指 T 比特的路由、T 比特的交换和 T 比特的传输。3TNet 是从第二次电视改造起步的综合信息服务网络, 使用 3TNet, 其核心网的业务传送能力、业务配置效率、信息流传输交换速率等主要技术指标, 均比目前的网络高出成千上万倍, 网络将具有更好、更快、更方便、更便宜、更安全、更智能的支撑能力。

38. ISO 20000

ISO20000 是一个关于 IT 服务管理体系的要求的国际标准, 它帮助识别和管理 IT 服务的关键过程, 保证提供有效的 IT 服务满足客户和业务的需求。它是第一部针对信息技术服务管理（IT Service Management）领域的国际标准, 于 2005 年 12 月 15 日发布。ISO20000 具体规定了 IT 服务管理行业向企业及其客户有效地提供服务的、一体化的管理过程以及过程建立的相关要求, 帮助识别和管理 IT 服务的关键过程, 保证提供有效的 IT 服务以满足客户和业务的需求。它着重于通过"IT 服务标准化"来管理 IT 问题, 即将 IT 问题归类, 识别问题的内在联系, 然后依据服务级别协议进行计划、管理和监控, 并强调与客户的沟通。

39. GIS

Geographic Information System, 地理信息系统, 也称作地理资讯系统, 是一种具有信息系统空间专业形式的数据管理系统。在严格的意义上, 是一个具有集中、存储、操作和显示地理参考信息的计算机系统。GIS 是一门综合性学科, 已经广泛地应用在不同的领域, 是用于输入、存储、查询、分析和显示地理数据的计算机系统, 可以分为人员、数据、硬件、软件和过程。以地理空间数据为操作对象是地理信息系统与其他信息系统的根本区别。

40. WebGIS

WebGIS 是 Internet 和 WWW 技术应用于 GIS 开发的产物, 是实现 GIS 互操作的一条最佳解决途径。GIS 通过 WWW 功能得以扩展，真正成为一种大众使用的工具。从 WWW 的任意一个节点，Internet 用户可以浏览 WebGIS 站点中的空间数据、制作专题图，以及进行各种空间检索和空间分析。因此，WebGIS 不但具有大部分乃至全部传统 GIS 软件具有的功能，而且还具有利用 Internet 优势的特有功能，即用户不必在自己的本地计算机上安装 GIS 软件就可以在 Internet 上访问远程的 GIS 数据和应用程序，进行 GIS 分析，在 Internet 上提供交互的地图和数据。

41. DVR

Digital Video Recorder，数字视频存储设备。可将视频图像处理为数字格式，录像时无需更换录影带，而是将图像存储彩硬盘上，所提供的影像如同照片一样清晰，是正在迅速替代现有模拟 CC-TV 监控摄像机运用设备的新一代数字监视设备。

42. WebTrust

WebTrust 是电子认证行业国际通行的运营服务审计标准。它是一项相当完整的认证服务，它包含了对网站的资讯系统，资讯及交易安全，企业经营实务的完整稽核，并且会发出一份稽核报告给管理当局。

43. 3C 认证

China Compulsory Certification，中国强制性产品认证，英文缩写 CCC。它是我国政府按照世贸组织有关协议和国际通行规则，为保护广大消费者人身和动植物生命安全，保护环境、保护国家安全，依照法律法规实施的一种产品合格评定制度。主要特点是：国家公布统一目录，确定统一适用的国家标准、技术规则和实施程序，制定统一的标志标识，规定统一的收费标准。凡列入强制性产品认证目录内的产品，必须经国家指定的认证机构认证合格，取得相关证书并加施认证标志后，方能出厂、进口、销售和在经营服务场所使用。"3C"认证从 2003 年 8 月 1 日起全面实施。3C 标志并不是质量标志，而只是一种最基础的安全认证。

44. IDS

Intrusion Detection Systems, 入侵检测系统。专业上讲就是依照一定的安全策略，对网络、系统的运行状况进行监视，尽可能发现各种攻击企图、攻击行为或者攻击结果，以保证网络系统资源的机密性、完整性和可用性。在本质上，入侵检测系统是一个典型的"窥探设备"。它不跨接多个物理网段（通常只有一个监听端口），无须转发任何流量，而只需要在网络上被动地、无声息地收集它所关心的报文即可。对收集来的报文，入侵检测系统提取相应的流量统计特征值，并利用内置的入侵知识库，与这些流量特征进行智能分析比较匹配。根据预设的阀值，匹配耦合度较高的报文流量将被认为是进攻，入侵检测系统将根据相应的配置进行报警或进行有限度的反击。

45. SNMP

Simple Network Management Protocol, 简单网络管理协议。它是一个标准的用于管理 IP 网络上结点的协议。此协议包括了监视和控制变量集以及用于监视设备的两个数据格式: SMI 和 MIB。

46. CA

Certificate Authority，也称为电子商务认证中心，是负责发放和管理数字证书的权威机构,并作为电子商务交易中受信任的第三方,承担公钥体系中公钥的合法性检验的责任。CA 中心为每个使用公开密钥的用户发放一个数字证书，数字证书的作用是证明证书中列出的用户合法拥有证书中列出的公开密钥。CA 机构的数字签名使得攻击者不能伪造和篡改证书。在 SET 交易中，CA 不仅对持卡人、商户发放证书，还要对获款的银行、网关发放证书。

47. WAPI

Wireless LAN Authentication and Privacy Infrastructure，无线局域网鉴别和保密基础结构，是一种无线局域网（WLAN）安全协议，同时也是中国无线局域网强制性标准中的安全机制。WLAN 像红外线、蓝牙、GPRS、CDMA1X 等协议一样，是无线传输协议的一种。WAPI 是我国首个在计算机宽带无线网络通信领域自主创新并拥有知识产权的安全接入技术标准。

48. PKI

Public Key Infrastructure，公钥基础设施，是一种遵循既定标准的密钥管理平台，它能够为所有网络应用提供加密和数字签名等密码服务及所必需的密钥和证书管理体系，简单来说，PKI 就是利用公钥理论和技术建立的提供安全服务的基础设施。PKI 技术是信息安全技术的核心，也是电子商务的关键和基础技术。PKI 的基础技术包括加密、数字签名、数据完整性机制、数字信封、双重数字签名等。

49. PDM

Product Data Management 产品数据管理，是一门用来管理所有与产品相关信息（包括零件信息、配置、文档、CAD 文件、结构、权限信息等）和所有与产品相关过程（包括过程定义和管理）的技术。

50. UG

UG（Unigraphics NX）是一个产品工程解决方案，为用户的产品设计及加工过程提供了数字化造型和验证手段。UG 集成管理是在 UG 环境下，实现产品设计信息的提取、数据统一集成管理。

51. CATIA

CATIA 一种机械模具设计工具，主要用于零件设计、装配设计、装配动画模拟、曲面设计以及工程绘图的设计工作。

附录 2：图表索引

附录 3：案例索引